일반 물리학 실험 02

Physics Experiment

신홍기 · 이용산 · 이정재 지음

교문사

청문각이 교문사로 새롭게 태어납니다.

차례

Experiment 07 회로의 전류

Experiment 08 키르히호프의 법칙

Experiment 09 축전기

전기장 모양 I

Experiment 01

1 실험 목적

눈에 보이지 않는 전기장의 모양을 알아보자. 전하량이 같은 점전하 쌍에 대해 등전위선과 전기력선을 정하여 서로 수직함을 증명한다.

2 실험 이론

전하(전기를 띤 입자) 주위의 전기적인 힘이 미치는 공간을 전기장이라 한다. 전기장 내의 한 점에 단위 양전하를 놓았을 때 작용하는 힘을 그 점에 대한 전기력이라 한다. 시험전하 q_0가 전기장 내에서 힘 F를 받을 때 그 지점에서의 전기장은 $\vec{E}=\dfrac{\vec{F}}{q_0}$로 정의한다.

전기장의 모양은 임의의 점에서 전기장 방향으로 향하는 선들로 시각화하는데, 이를 전기력선이라 부른다. 전기력선은 전기장 벡터 $\vec{E}$와 나란하다. 전기력선에 수직인 표면을 지나는 단위 면적당 선들의 수는 그 영역에서 전기장의 세기에 비례한다.

점전하가 전기장 안에서 전기력에 반응하여 움직일 때, 전기장은 전하에 일을 하게 된다. 따라서 시험전하가 미소변위만큼 이동할 때는 그 지점의 퍼텐셜에너지 ΔU에 해당되는 일을 외부에서 해주어야 한다. 단위전하를 옮기는 데 필요한 일의 양을 전위라고 한다.

점 A와 점 B 사이의 전위차는 $\Delta V=\dfrac{\Delta U}{q_0}=-\int_A^B \vec{E}\cdot d\vec{s}$로 정의된다. 이는 전기력선과 수직한 면에 있는 모든 점들 간의 전위차는 0이 되고 전기력선과 같은 방향에 있는 점들 간의 전위차는 다른 지점에 비해 최대가 됨을 의미한다. 따라서 전기력선과 수직한 면은 동일한 전위를 나타내므로 등전위면이라 하는데 2차원 평면상에서 등전위선을 이룬다.

양의 점전하에 대한 전기력선은 그림 1(a)와 같이 전하로부터 방사상의 모든 방향으로 뻗어나간다. 선들은 전하에 더 가까이 갈수록 서로 조밀한데 이는 전기장의 세기가 증가함을 가리킨다. 양의 점전하나 음의 점전하 모두 등전위선은 전기력선과 수직한 지점을 연결한 원을 이루는데, 전하에 가까울수록 등전위선 간의 간격이 좀 더 촘촘해진다. 음의 점전하에 대한 전기력선은 그림 1(b)와 같이 전하를 향해 들어온다.

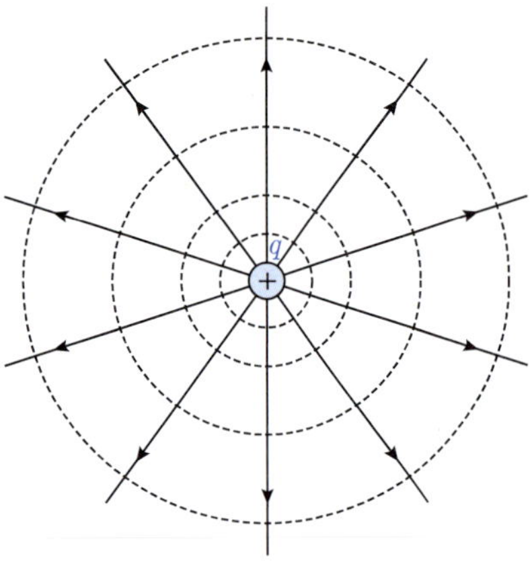

그림 1(a)

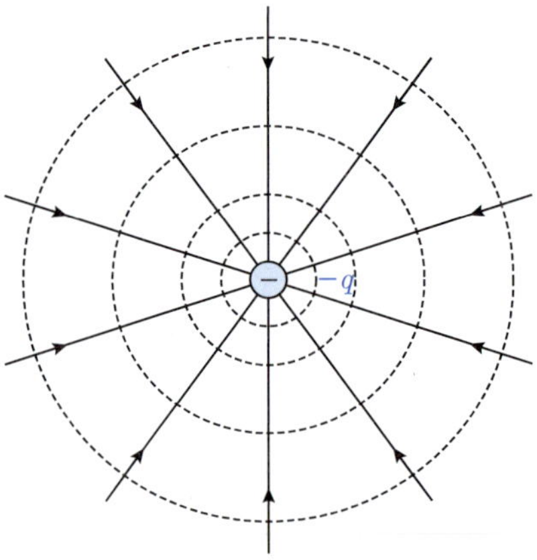

그림 1(b)

그림 2(a)는 크기가 같고 부호가 반대인 2개의 점전하에 의한 전기력선과 등전위선을 나타낸다. 이 경우에 양전하에서 시작하는 선들의 수가 음전하에서 끝나는 수와 같다. 두 전하 사이의 등전위선은 정중앙에는 수직한 선을 이루고, 전하 쪽으로 갈수록 선이 휘어져서 원을 이룬다.

그림 2(b)처럼 2개의 동일한 양전하가 위치하는 경우에는 각각의 전하 근처에서 전기력선들은 방사장이다. 동일한 수의 선들이 각각의 전하에서 나가는데 이는 전하들의 크기가 같기 때문이다. 전하에서 멀리 떨어진 곳에서 전기장은 크기가 $2q$인 달인 점전하의 전기장과 근사적으로 같다.

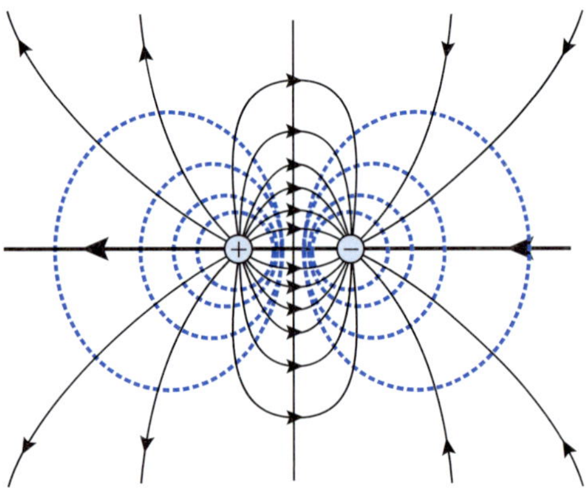

그림 2(a)

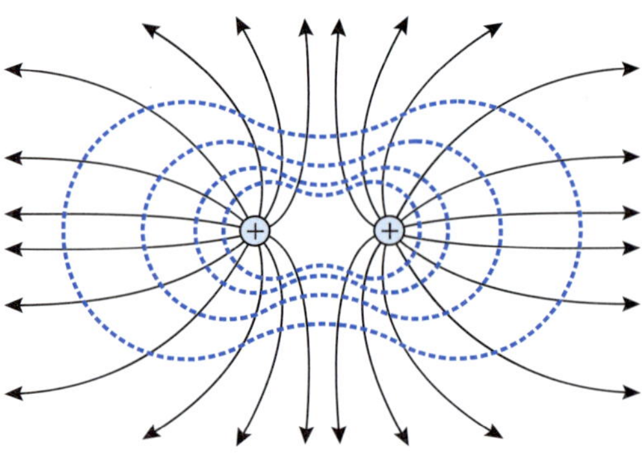

그림 2(b)

3 실험 장비 및 부품

조교확인 : ㊞ 일자 :

모양	이름	실험 전	실험 후
	코르크판 (Cork Board)		
	플라스틱 보관함 (Plastic Tray)		
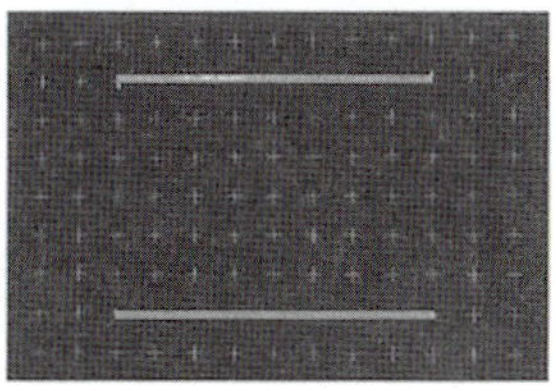	전도성 종이 (Conductive Paper)		
	누름 핀 (Push Pin)		
	전도성 잉크펜 (Conductive Ink Pen)		
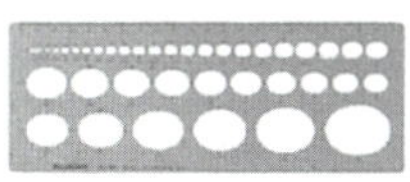	모양자 (Circle Template)		
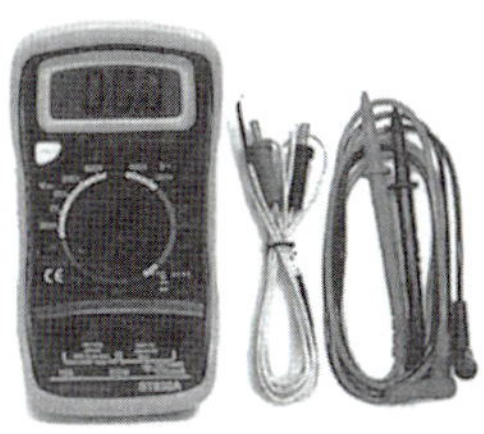	디지털 멀티미터 (Digital Multimeter) & 테스트 선 (Test Lead)		
	직류 전원공급기 (DC Power Supply) & 전원공급선 (Power Supply Lead)		
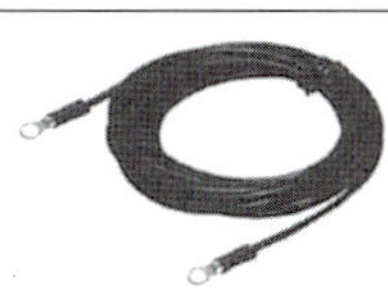	전선 (Wire)		

종료 후 실험 기구의 유무를 확인받읍시다.

4 실험 장치 설치

1) 전극 그리기

1. 실험대 위에 전도성 종이를 눈금이 그려진 면이 위로 가도록 펼쳐 놓는다.
2. 연필과 모양자를 이용하여 전극이 될 밑그림을 그린다.
3. 전도성 잉크펜은 뚜껑을 닫은 채로 10~20초 정도 충분히 흔든다.
4. 전도성 잉크펜의 뚜껑을 열고, 연습종이에 잉크가 나올 때까지 가볍게 쥐어짠다.
5. 아래 그림과 같이 잉크가 중간에 끊어지지 않고 같은 두께로 나오도록 그린다.

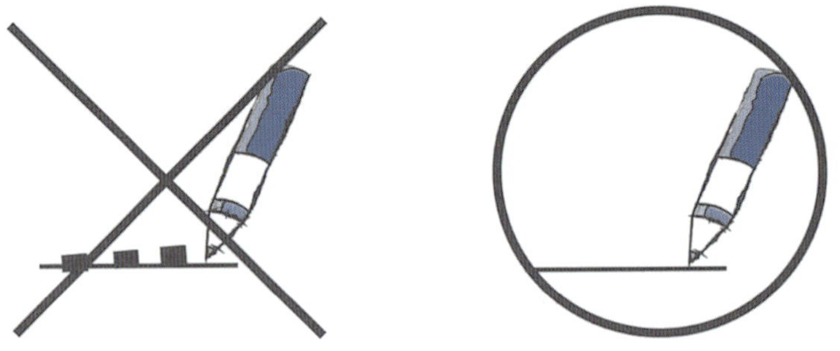

6. 전도성 종이에 연필로 그려놓은 밑그림을 따라 전도성 잉크펜으로 그린다.

※ 잉크가 드문드문 그려지거나 얇게 그려질 경우 그 위에 덧칠해서 진하게 그려지도록 한다.

※ 전도성 잉크펜을 사용한 후에는 바로 뚜껑을 닫아준다.

7. 상온에서 20분 정도 건조시킨다.

※ 잉크는 실온에서 3~5분 정도면 마르지만, 바르고 20분 정도 지난 후에 전도성이 최대가 되기 때문이다.

2) 등전위선 측정 방법

1. 전극모양이 그려진 전도성 종이를 코르크판 위에 놓고 테이프로 고정시킨다.
2. 두 전극 위에 누름 핀을 각각 꽂는다.
3. 직류 전원공급기의 CC SET를 누르고 전류를 CV LAMP의 불이 켜질 때까지 올리고, 전압을 10 V로 설정한다.

※ 직류 전원공급기의 사용법을 숙지한 후 실험에 임해야 한다.

4. 직류 전원공급기의 +(Red), −(Black) 출력단자에 전원공급선을 각각 연결한다.
5. 각 전원공급선의 다른 한쪽 끝을 누름 핀에 연결한다.
6. 멀티미터의 −(Black) 테스트 선을 −(Black) 전원공급선이 연결된 누름 핀에 연결하여 고정시킨다.
7. 멀티미터의 +(Red) 테스트 선으로 전도성 종이의 임의 지점을 찍고 멀티미터에 표시되는 전압을 확인한다. 이때 원하는 수치를 나타내는 지점에 연필로 표시해 둔다.
8. 멀티미터의 +(Red) 테스트 선의 위치를 이동하여 다시 동일한 전압이 나타나는 지점을 찾아 연필로 표시해 둔다.
9. 동일 전압을 나타내는 지점의 표시를 매끄럽게 연결하여 등전위선을 그린다.
10. 다른 전압에 대해서도 7~9 과정을 반복한다.

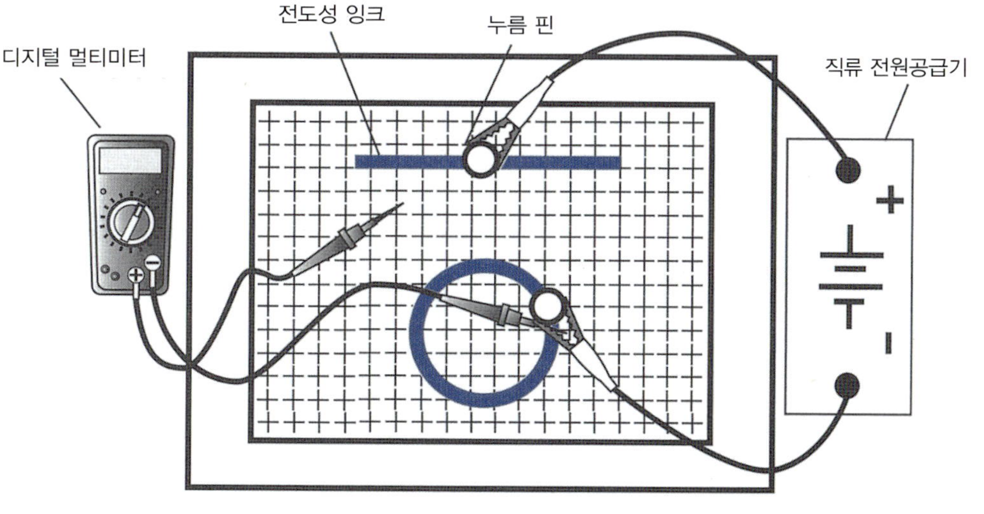

그림 3

3) 전기력선 측정 방법

1. 등전위선 측정 장치를 그대로 둔다.
2. 멀티미터의 두 테스트 선을 고무줄로 묶어서 두 침의 간격이 1 cm 정도 되게 한다.
3. +로 대전된 밑그림의 전극선 가까이에 멀티미터의 +(Red) 테스트 선을 축으로 두고, −(Black) 테스트 선을 회전시키면서 멀티미터에 나타나는 값을 읽는다.
4. 전압이 가장 크게 나타나는 지점을 찾아 +(Red) 테스트 선 침에서 −(Black) 테스트 선 침 쪽으로 화살표를 그린다.
5. 화살표의 머리 부분(끝)에 +(Red) 테스트 선을 축으로 고정시키고 3~4 과정을 수행한다.
6. 화살표가 −로 대전된 아래 그림의 전극선 근처로 연결되면, 다시 +로 대전된 아래 그림의 전극선 가까이의 다른 지점에 +(Red) 테스트 선을 고정시키고 3~5 과정을 반복수행한다.

※ 멀티미터의 테스트 선은 전도성 종이에 그려져 있는 격자선을 피해 찍어야 한다.

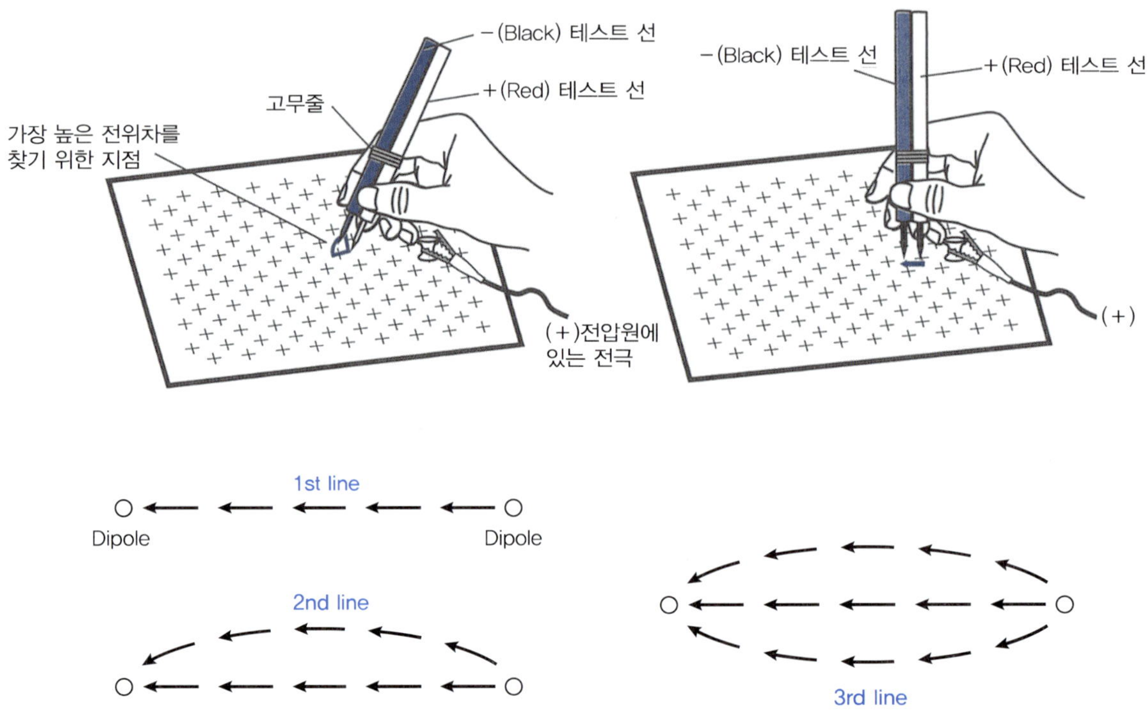

그림 4

5 실험 방법

1) 크기가 같고 부호가 반대인 2개의 점전하

1. 전도성 잉크펜으로 2개의 점을 그려둔 전도성 종이를 코르크판에 테이프로 고정시킨다.
2. 2개의 점 위에 누름 핀을 꽂는다.
3. 직류 전원공급기를 켜고 +(Red)와 −(Black) 전원공급선을 2개의 누름 핀에 각각 연결한다.
4. 멀티미터의 −(Black) 테스트 선을 −(Black) 전원공급선에 연결하여 고정시키고, +(Red) 테스트 선을 전도성 종이의 바닥에 찍어 1 V로 나타나는 지점들을 찾아 연필로 표시한다.
5. 연필로 표시된 지점들을 부드럽게 연결하고 몇 V인지를 적어둔다.
6. 3 V, 5 V, 7 V, 9 V의 순서대로 위의 3~5 과정을 반복한다.
7. 전기력선을 앞에서 설명한 방법대로 측정하여 그린다.

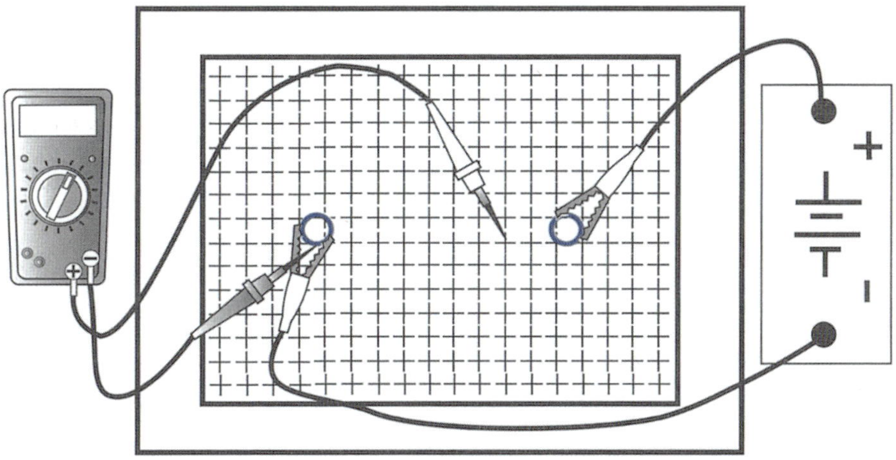

그림 5

2) 크기가 같고 부호가 동일한 2개의 점전하

1. 전도성 잉크펜으로 2개의 점을 그려둔 전도성 종이를 코르크판에 테이프로 고정시킨다.
2. 2개의 점 위에 누름 핀을 꽂는다.
3. 직류 전원공급기를 켜고 +(Red)와 −(Black) 전원공급선을 테두리 사각형 위의 2개의 누름 핀에 연결한다.
4. 멀티미터의 −(Black) 테스트 선을 −(Black) 전원공급선에 연결하여 고정시키고, +(Red) 테스트 선을 전도성 종이의 바닥에 찍어 임의로 정한 V가 나타나는 지점들을 찾아 연필로 표시한다.
5. 연필로 표시된 지점들을 부드럽게 연결하고 몇 V인지를 적어둔다.
6. 임의의 V를 3개 선택하여 3~5 과정을 반복한다.
7. 전기력선을 앞에서 설명한 방법대로 측정하여 그린다.

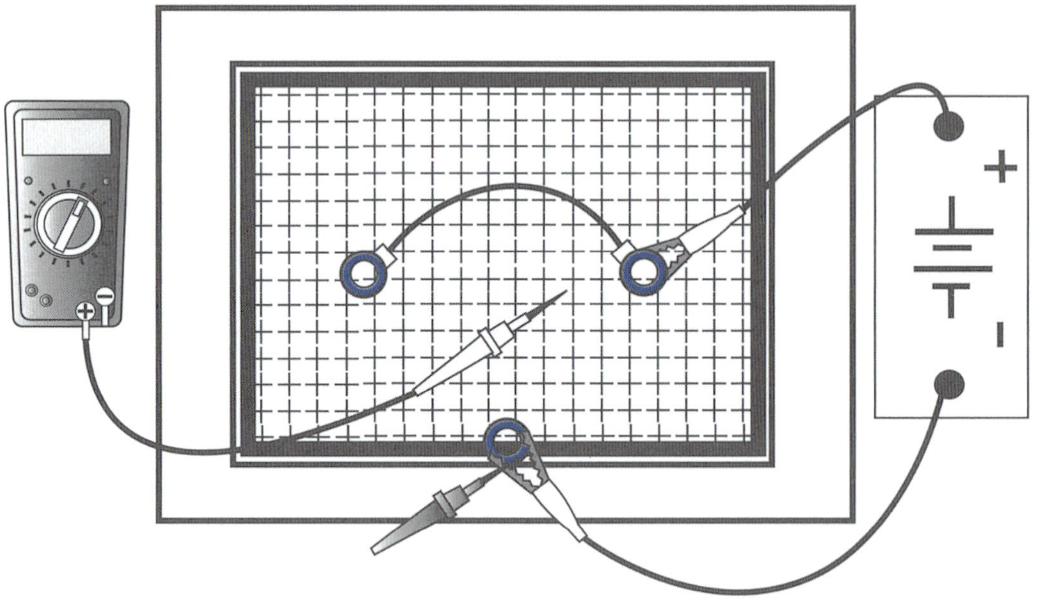

그림 6

잠깐 실험 기구의 유무를 확인하고 실험 시작

직류 전원공급기(DC Power Supply)

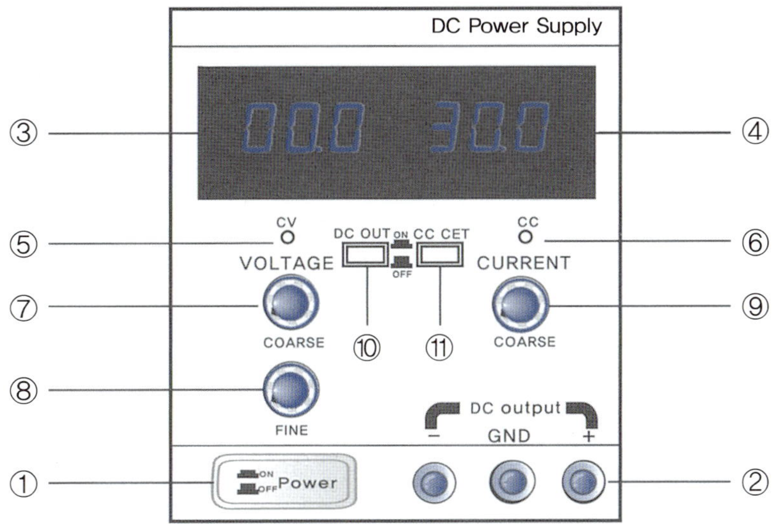

표시기

① Power Switch: 본 기기의 전원을 켜고 끄는 데 사용한다.

② Output Terminal: 본 기기의 출력이 나오는 단자로서 (+)는 적색, (−)는 흑색, 접지는 녹색으로 표시된다.

③ Digital Volt Meter: 본 기기의 출력되는 전압이 표시된다.

④ Digital Current Meter: 본 기기의 출력되는 전류의 양이 표시된다.

⑤ CV LAMP: LAMP가 켜져 있는 동안은 본 기기가 정전압 상태로 작동된다.

⑥ CC LAMP: LAMP가 켜져 있는 동안은 본 기기가 정전류 상태로 작동된다.

⑦ V_{adj}(Coarse) Knob: 본 기기의 출력전압을 거친조정하는 손잡이다.

⑧ V_{adj}(Fine) Knob: 본 기기의 출력전압을 미세조정하는 손잡이다.

⑨ A_{adj} Knob: 본 기기의 출력전류를 조정하는 손잡이다.

⑩ DC Output Switch: 본 기기의 출력전압을 ON/OFF시키는 스위치이다.

⑪ CC SET Switch: 본 기기의 출력전류를 출력을 단락시키지 않고 조정한다.

사용방법

① 전원 스위치를 OFF하고 V_{adj}, A_{adj} Knob을 시계 반대 방향으로 완전히 돌린다.

② DC Out Switch를 OFF로 한다.

③ 전원 스위치를 ON한다.

④ 디스플레이 창에 "0"으로 표시되며 CC LAMP가 커진다.

⑤ V_{adj}(Coarse) Knob을 시계 방향으로 돌려 실험에 필요한 출력전압과 비슷하게 맞춘다.

⑥ V_{adj}(Fine) Knob으로 출력전압을 미세하게 조정한다.

⑦ CC SET Switch를 누르면서 A_{adj}를 CV LAMP의 불이 커질 때까지 시계 방향으로 살살 돌린다.

⑧ 부하를 출력단자에 연결한다.

⑨ DC Out을 ON으로 한다.

사용 중 주의사항

- 잠깐 사용하다 잠시 사용 안할 경우 DC Out을 OFF한다.
- 완전히 사용이 끝나면 Power를 OFF한다.
- 라인을 분리할 때 끝부분 플라스틱을 잡고 분리한다.

잠깐 실험 기구의 유무를 확인하고 실험 시작

디지털 멀티미터(DMN)

구조

1: 디스플레이 창

2: 데이터 값 유지. 버튼 - 한 번 누르면 유지모드가 되고 한 번 더 유지모드를 나감.

3: COM 입력단자　　4: V, 입력단자

5: mA 입력단자　　6: 20 A/10 A 입력단자

7: 회전스위치　　8: 전원 버튼

주의사항

- 디스플레이 창에 "1"이 나오면 선택된 범위를 넘어간 것이므로 회전스위치를 돌려서 더 큰 범위를 선택한다.
- 테스트 선들이 파손되거나 금속이 노출된 부분이 없는지 확인한다.
- 회전스위치를 올바른 위치에 놓아야 한다. 측정하는 동안 범위를 바꾸지 않는 것이 좋다.
- 건전지 부족 표시(그림)가 뜨면 바로 갈아주어야 한다. 건전지 부족은 디지털 멀티미터의 전기적 충격과 손상으로 잘못 측정될 수 있다.
- 건전기 수명을 보존하기 위해 미터기를 15분 동안 회전스위치를 돌리거나 아무 버튼도 사용하지 않으면 자동적으로 꺼진다. 전원 버튼을 2번 누르면 활성화된다.

Report

01 전기장 모양 I

학과:	이름(조):	공동실험자:
학번:		
실험수행일자:	당일 레포트 완성	1주 후 레포트 완성
조교확인: ㊞	조교확인: ㊞	조교확인: ㊞

1 실험 목적

2 핵심 이론

3 실험 결과

1) 크기가 같고 부호가 반대인 2개의 점전하

2) 크기가 같고 부호가 동일한 2개의 점전하

분석

전기장 모양 II

Experiment 02

1 실험 목적

평행한 두 직선으로 이루어진 전극에 대해 등전위선과 전기력선을 측정해본다. 두 직선의 간격에 따라 등전위선과 전기력선이 어떻게 달라지는가를 관찰한다.

2 실험 이론

그림 1은 유한한 길이의 두 직선에 반대극의 전하가 대전되어 일정 간격 떨어져 있을 때 형성되는 전기력선의 방향(실선)과 등전위선(점선)을 표시한 것이다. 전기력선을 주의 깊게 살펴보면 판 사이의 중심 영역에서 직선을 나타내지만, 판의 양 끝부분으로 갈수록 곡선의 곡률이 커진다. 이는 중심 영역에서 전기장이 균일하고 양쪽 끝부분으로 갈수록 전기장이 균일하지 않음을 나타낸다. 직선의 길이에 비해 간격이 좁으면 좁을수록 가장자리 효과는 무시할 수 있고, 두 직선 사이의 어느 곳에서나 균일한 전기장이 형성된다. 이를 이용한 것이 평판축전기이다.

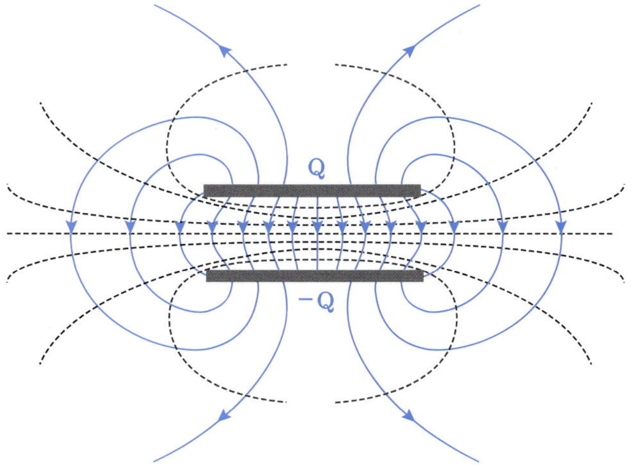

그림 1

3 실험 장비 및 부품

조교확인 : ㉢ 일자 :

모양	이름	실험 전	실험 후
	코르크판 (Cork Board)		
	플라스틱 보관함 (Plastic Tray)		
	전도성 종이 (Conductive Paper)		
	누름 핀 (Push Pin)		
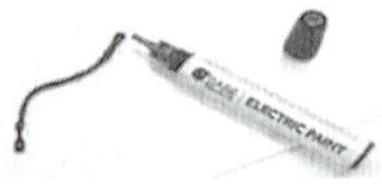	전도성 잉크펜 (Conductive Ink Pen)		
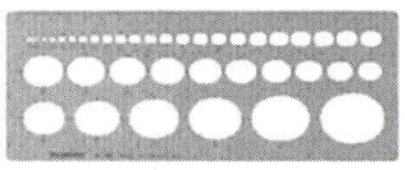	모양자 (Circle Template)		
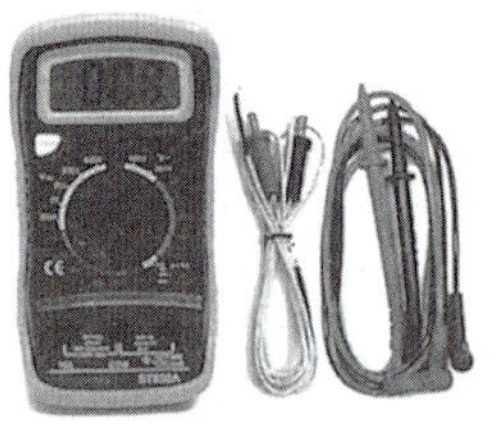	디지털 멀티미터 (Digital Multimeter) & 테스트 선 (Test Lead)		
	직류 전원공급기 (DC Power Supply) & 전원공급선 (Power Supply Lead)		
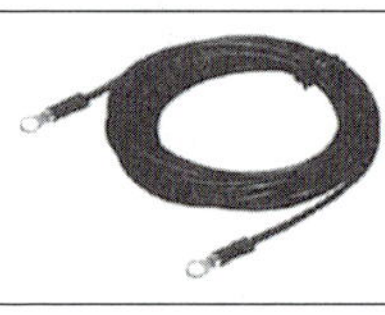	전선 (Wire)		

종료 후 실험 기구의 유무를 확인받읍시다.

④ 실험 장치 설치

1) 전극 그리기

1. 실험대 위에 전도성 종이를 눈금이 그려진 면이 위로 가도록 펼쳐 놓는다.
2. 연필과 모양자를 이용하여 전극이 될 밑그림을 그린다.
3. 전도성 잉크펜은 뚜껑을 닫은 채로 10~20초 정도 충분히 흔든다.
4. 전도성 잉크펜의 뚜껑을 열고, 연습종이에 잉크가 나올 때까지 가볍게 쥐어짠다.
5. 아래 그림과 같이 잉크가 중간에 끊어지지 않고 같은 두께로 나오도록 연습한다.

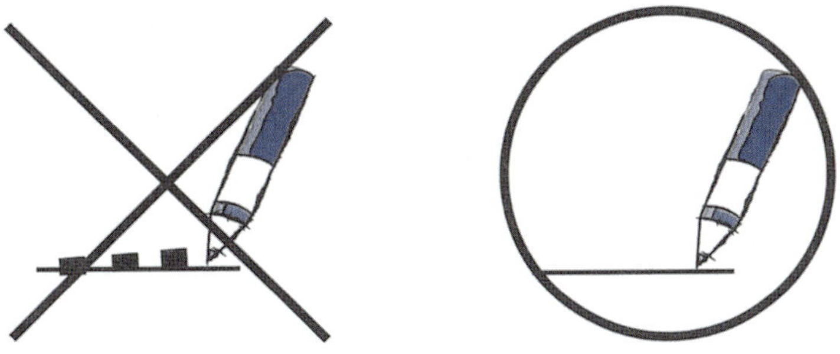

6. 전도성 종이에 연필로 그려놓은 밑그림을 따라 전도성 잉크펜으로 그린다.

※ 잉크가 드문드문 그려지거나 얇게 그려질 경우 그 위에 덧칠해서 진하게 그려지도록 한다.

※ 전도성 잉크펜을 사용한 후에는 바로 뚜껑을 닫아준다.

7. 상온에서 20분 정도 건조시킨다.

※ 잉크는 실온에서 3~5분 정도면 마르지만, 바르고 20분 정도 지난 후에 전도성이 최대가 되기 때문이다.

2) 등전위선 측정 방법

1. 전극모양이 그려진 전도성 종이를 코르크판 위에 놓고 테이프로 고정시킨다.
2. 두 전극 위에 누름 핀을 각각 꽂는다.
3. 직류 전원공급기의 CC SET를 누르고 전류를 CV LAMP의 불이 켜질 때까지 올리고, 전압을 10 V로 설정한다.

※ 직류 전원공급기의 사용법을 숙지한 후 실험에 임해야 한다.

4. 직류 전원공급기의 +(Red), −(Black) 출력단자에 전원공급선을 각각 연결한다.
5. 각 전원공급선의 다른 한쪽 끝을 누름 핀에 연결한다.
6. 멀티미터의 −(Black) 테스트 선을 −(Black) 전원공급선이 연결된 누름 핀에 연결하여 고정시킨다.
7. 멀티미터의 +(Red) 테스트 선으로 전도성 종이의 임의 지점을 찍고 멀티미터에 표시되는 전압을 확인한다. 이때 원하는 수치를 나타내는 지점에 연필로 표시해 둔다.
8. 멀티미터의 +(Red) 테스트 선의 위치를 이동하여 다시 동일한 전압이 나타나는 지점을 찾아 연필로 표시해 둔다.
9. 동일 전압을 나타내는 지점의 표시를 매끄럽게 연결하여 등전위선을 그린다.
10. 다른 전압에 대해서도 7~9 과정을 반복한다.

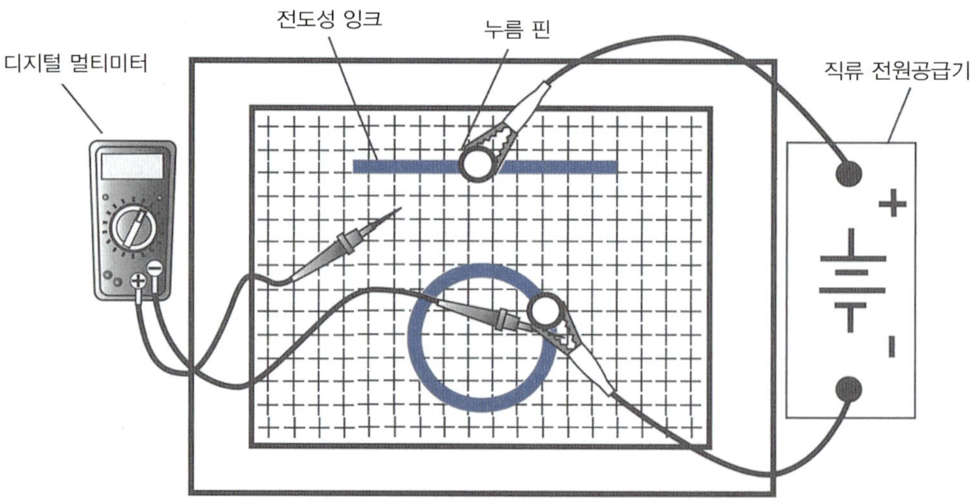

그림 2

3) 전기력선 측정 방법

1. 등전위선 측정 장치를 그대로 둔다.
2. 멀티미터의 두 테스트 선을 고무줄로 묶어서 두 침의 간격이 1 cm 정도 되게 한다.
3. +로 대전된 밑그림의 전극선 가까이에 멀티미터의 +(Red) 테스트 선을 축으로 두고, −(Black) 테스트 선을 회전시키면서 멀티미터에 나타나는 값을 읽는다.
4. 전압이 가장 크게 나타나는 지점을 찾아, +(Red) 테스트 선 침에서 −(Black) 테스트 선 침 쪽으로 화살표를 그린다.
5. 화살표의 머리 부분(끝)에 +(Red) 테스트 선을 축으로 고정시키고 3~4 과정을 수행한다.
6. 화살표가 −로 대전된 아래 그림의 전극선 근처로 연결되면, 다시 +로 대전된 아래 그림의 전극선 가까이의 다른 지점에 +(Red) 테스트 선을 고정시키고 3~5 과정을 반복수행한다.

※ 멀티미터의 테스트 선은 전도성 종이에 그려져 있는 격자선을 피해 찍어야 한다.

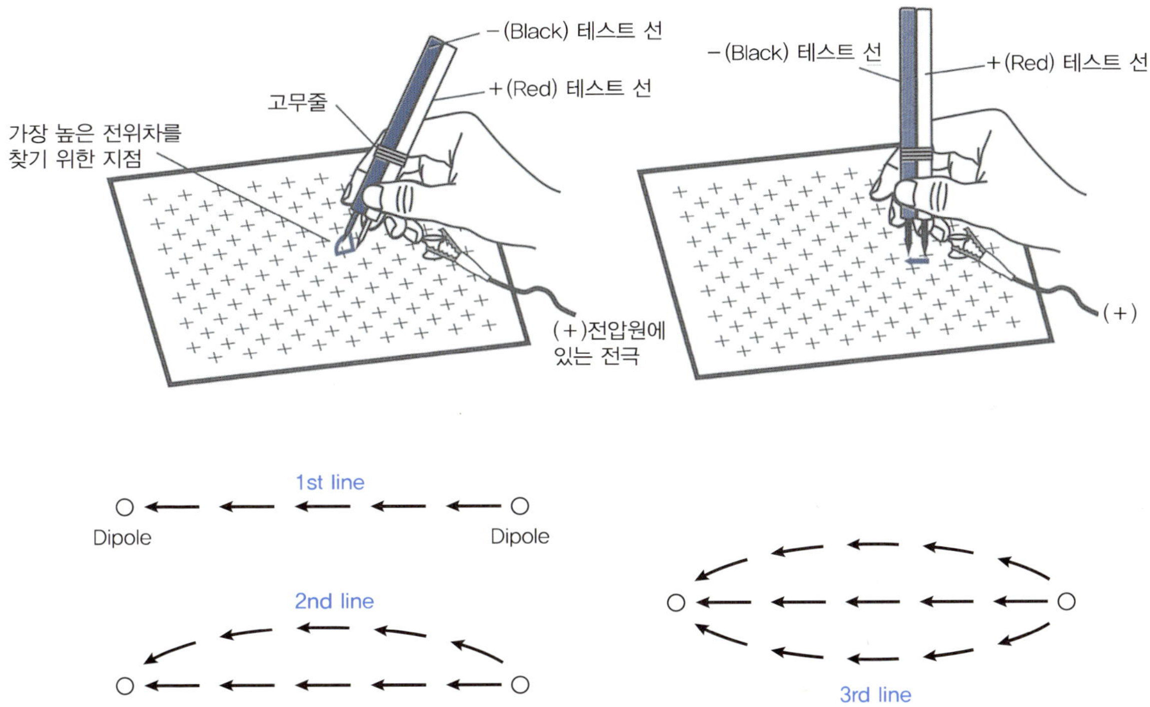

그림 3

5 실험 방법

1) 평행한 두 직선 전하

1. 전도성 종이에 전도성 잉크펜으로 길이 15 cm인 평행한 두 직선을 간격이 10 cm 되게 그린다.
2. 20분 이상 말린 전도성 종이를 코르크판에 테이프로 고정시킨다.
3. 두 직선전극 가운데 부분에 누름 핀을 각각 꽂는다.
4. +(Red) 전원공급선은 위 직선전극 누름 핀에, −(Black) 전원공급선은 아래 직선전극 누름 핀에 연결한다.
5. 멀티미터의 −(Black) 테스트 선을 −(Black) 전원공급선에 연결하여 고정시키고, +(Red) 테스트 선을 전도성 종이의 바닥에 찍어 디스플레이 창에 1 V로 나타나는 지점들을 찾아 연필로 표시한다.
6. 연필로 표시된 지점들을 부드럽게 연결하고 몇 V인지를 적어둔다.
7. 3 V, 5 V, 7 V, 9 V에 대해서도 위의 5~6 과정을 반복한다.
8. 전기력선을 앞에서 설명한 방법대로 측정하여 그린다.

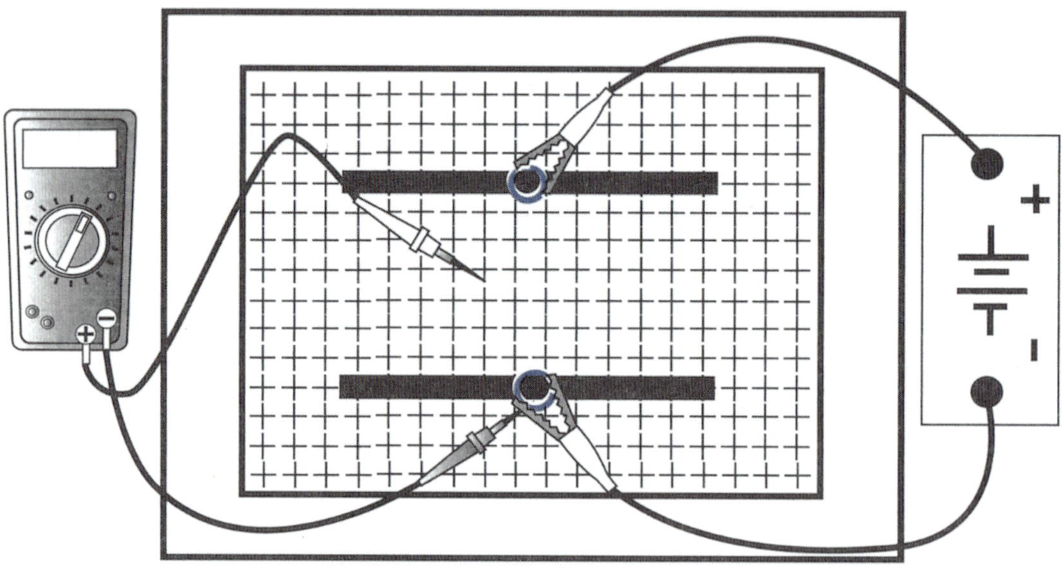

그림 4

2) 점전하와 테두리 원 전하

1. 전도성 종이에 전도성 잉크펜으로 중앙에 점을 찍고, 이를 둘러싼 속이 빈 반경 5 cm 원을 그린다.
2. 20분 이상 말린 전도성 종이를 코르크판에 테이프로 고정시킨다.
3. 점과 테두리 원 임의 지점에 누름 핀을 각각 꽂는다.
4. +(Red) 전원공급선은 중앙점 위의 누름 핀에 −(Black) 전원공급선은 테두리의 원 위의 누름 핀에 연결한다.
5. 멀티미터의 −(Black) 테스트 선을 −(Black) 전원공급선에 연결하여 고정시키고, +(Red) 테스트 선을 전도성 종이의 바닥에 찍어 디스플레이 창에 임의의 V로 나타나는 지점들을 찾아 연필로 표시한다.
6. 연필로 표시된 지점들을 부드럽게 연결하고, 몇 V인지를 적어둔다.
7. 임의의 V를 3개 선택하여 5~6 과정을 수행한다.
8. 전기력선을 앞에서 설명한 방법대로 측정하여 그린다.

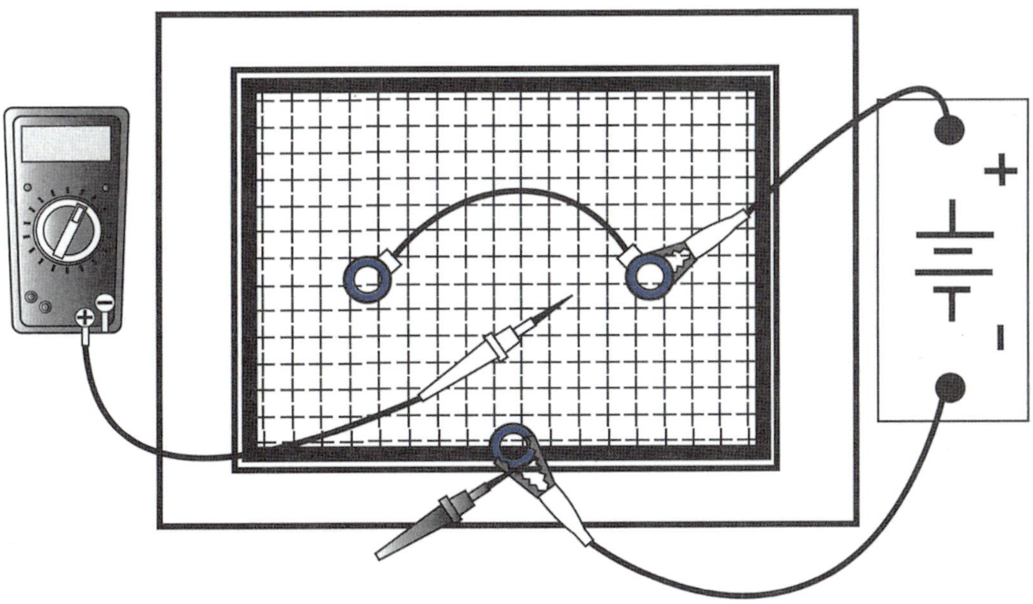

그림 5

Report

02 전기장 모양 II

<table>
<tr><td>학과:</td><td rowspan="2">이름(조):</td><td rowspan="2">공동실험자:</td></tr>
<tr><td>학번:</td></tr>
<tr><td>실험수행일자:</td><td>당일 레포트 완성</td><td>1주 후 레포트 완성</td></tr>
<tr><td>조교확인: ㉏</td><td>조교확인: ㉏</td><td>조교확인: ㉏</td></tr>
</table>

1 실험 목적

2 핵심 이론

3 실험 결과

1) 평행한 두 직선 전하

2) 점 전하와 테두리 원 전하

분석

전기회로 실험보드 소개

Experiment 03

1 실험 목적

전기회로 실험보드를 구성하는 전기소자의 명칭과 회로 연결방법을 배우고 익힘으로써 실험보드와 친숙해진다.

2 전기회로 실험보드의 구성

전기회로 실험보드는 기본적으로 건전지 홀더, 가변저항기, 트랜지스터 소켓, 그리고 전구로 이루어져 있다. 각 소자의 양극은 보드에 납땜되어 있는 스프링과 연결되어 있다. 소자들 간의 연결은 그림과 같이 손쉽게 스프링과 스프링 사이에 전선을 끼워서 이루어지도록 한 것이 본 보드의 특징이다. 만일 스프링이 헐거워지면 손으로 스프링의 코일을 꽉 쥐었다 놓는다.

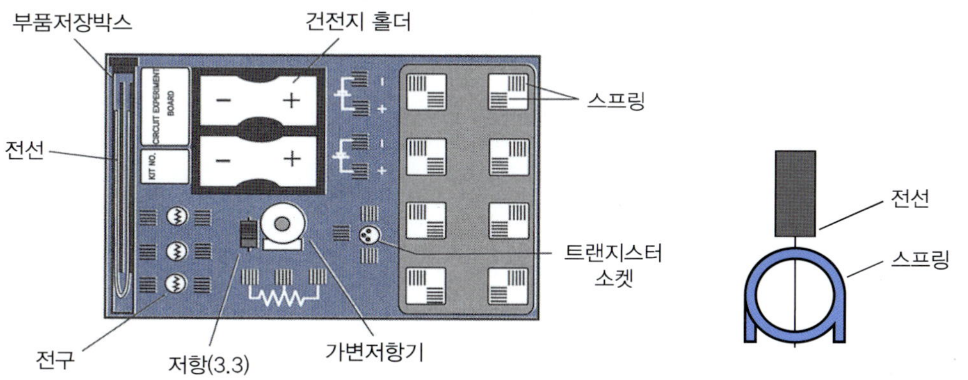

(옆에서 본 모습)

일반적으로 전기소자들은 다음과 같은 기호로 표시한다.

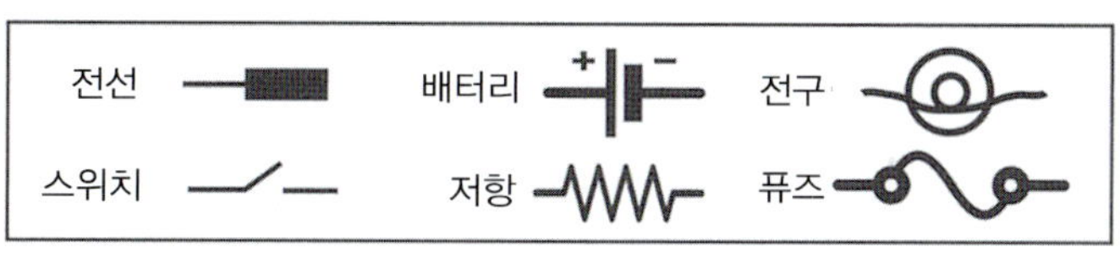

실험보드에서 전선을 사용하여 전구와 건전지를 연결하면 불이 들어온다. 이 회로구성을 스케치하면 다음과 같다. 여기서 건전지 앞에 있는 −극의 스프링에 연결된 C 전선은 직접 전구 왼쪽에 있는 스피링에 끼운다. +극의 스프링에 연결된 A 전선은 중간의 빈 스프링에 끼우고, 또 다른 전선 B를 동일 스프링에 끼운 후 전구 오른쪽에 있는 스프링에 끼운다. 그러면 빈 스프링에 끼운 B 전선은 스위치의 역할을 할 수 있다. 즉 B 전선을 스프링에 끼우면 회로가 닫혀서 전구의 불이 들어오는 “ON” 상태가 되고 B 전선을 스프링에서 빼면 회로가 열려서 전구의 불이 나가는 “OFF” 상태가 된다.

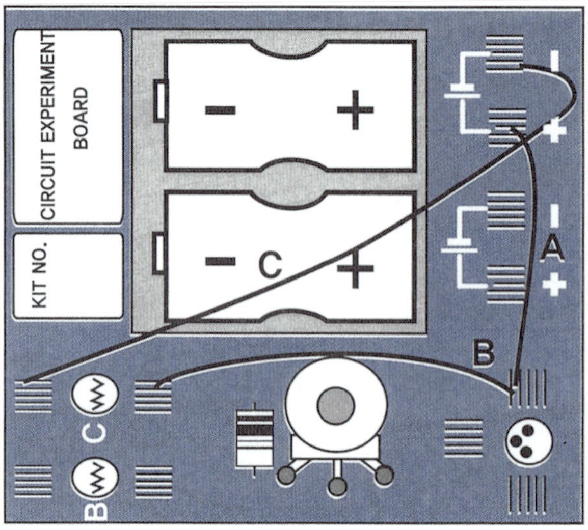

위의 회로를 각 소자의 기호와 직선도선(수평 수직)만으로 다시 그리면 아래와 같다. 이를 회로도라고 한다.

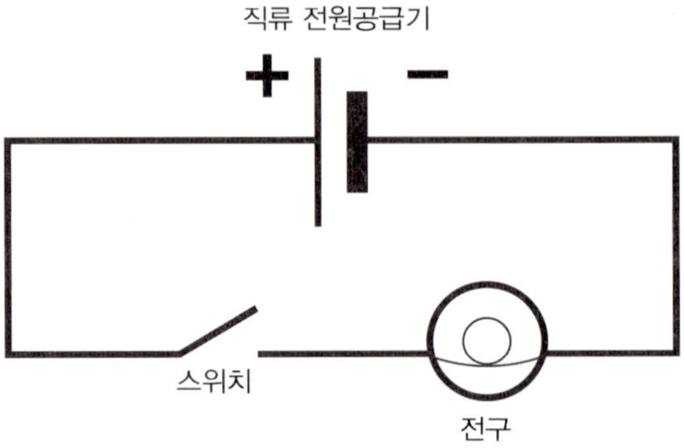

❸ 실험 장비 및 부품

조교확인 : ㉑ 일자 :

<table>
<tr><th>모양</th><th colspan="2">이름</th><th>실험 전</th><th>실험 후</th></tr>
<tr><td>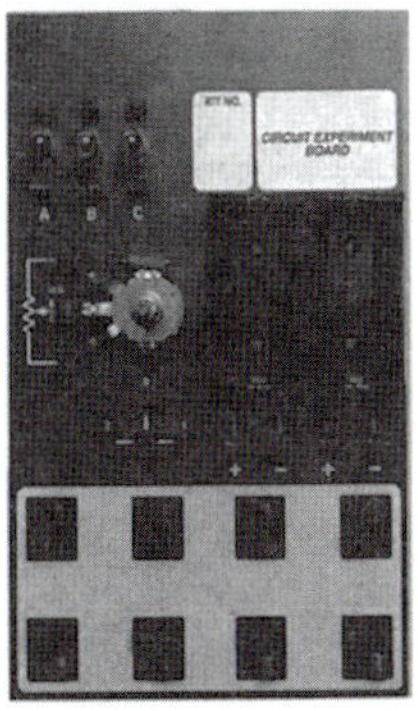</td><td colspan="2">전기회로 실험보드</td><td></td><td></td></tr>
<tr><td rowspan="2">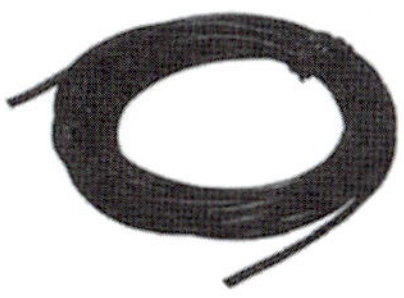</td><td rowspan="2">전선
(Wire)</td><td>Long(5)</td><td></td><td></td></tr>
<tr><td>Short(4)</td><td></td><td></td></tr>
<tr><td></td><td colspan="2">건전지(2)
(D-Cell Battery)</td><td></td><td></td></tr>
</table>

종료 후 실험 기구의 유무를 확인받읍시다.

4 실험 방법

1) 전구 연결방법에 따른 전구의 밝기 관찰

1. 2개의 전선을 건전지 홀더 앞에 +, −로 표시된 스프링에 각각 끼운다.
2. −극 스프링에 끼운 전선의 다른 끝을 전구 왼쪽에 있는 스프링에 끼운다.
3. +극 스프링에 끼운 전선의 다른 끝은 트랜지스터 소켓 근처의 빈 스프링에 끼운다.
4. 또 하나의 전선을 전구 오른쪽에 있는 스프링에 끼우고, 다른 끝은 3번의 스프링 근처에 둔다. 전선을 스프링에 끼운 상태를 스위치 "ON", 뺀 상태를 스위치 "OFF"라 한다.
5. 건전지 홀더에 건전지를 끼워 넣는다(건전지의 +, −에 맞게 끼워 넣는다).
6. 스위치 "ON" 상태에서 전구에 불이 들어오는지를 확인한다. 이때 전구의 밝기를 기억해 둔다.
7. 스위치 "OFF" 상태에서 전구 2개를 그림 1(a) 회로도와 같이 연결한다.
8. 스위치 "ON" 상태에서 두 전구의 밝기를 비교하여 결과표의 해당란에 기록한다.
9. 2개의 전구 중 1개의 전구를 빼 보고 다른 전구가 어떻게 되는지 관찰해본다.
10. 그림 1(b)처럼 회로를 설계하여 7~9 과정을 반복한다.

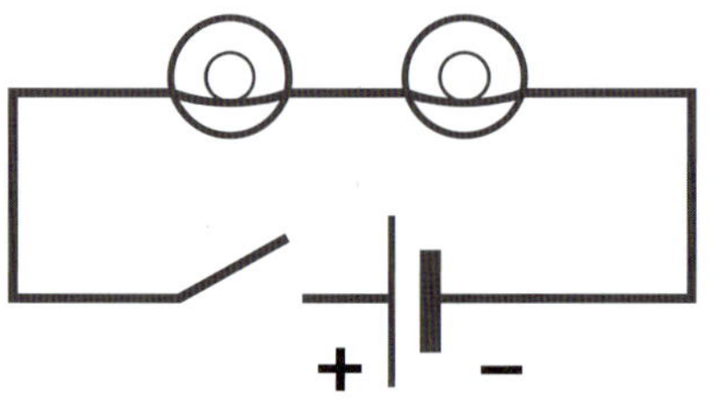

그림 1(a)

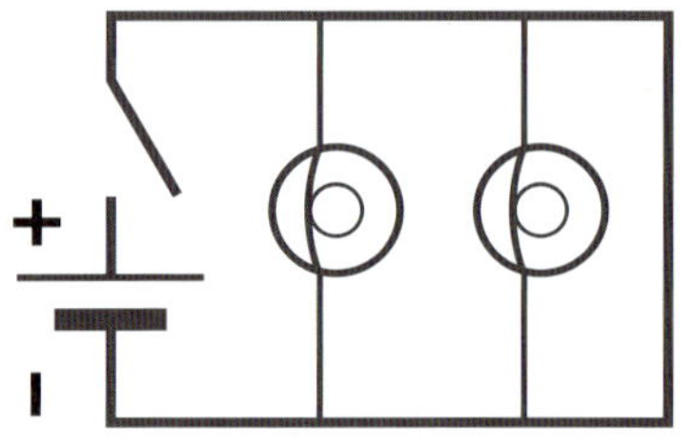

그림 1(b)

2) 건전지 연결방법에 따른 전구의 밝기 관찰

1. 그림 2(a) 회로도와 같이 연결하고 전구에 불이 켜지는지 확인하고, 건전지 연결방식을 확인한다.
2. 건전지 1개를 연결했을 때의 전구의 밝기와 비교하여 표에 기록한다.
3. 그림 2(b)와 그림 2(c) 회로도에 대해서 1~2 과정을 반복한다.

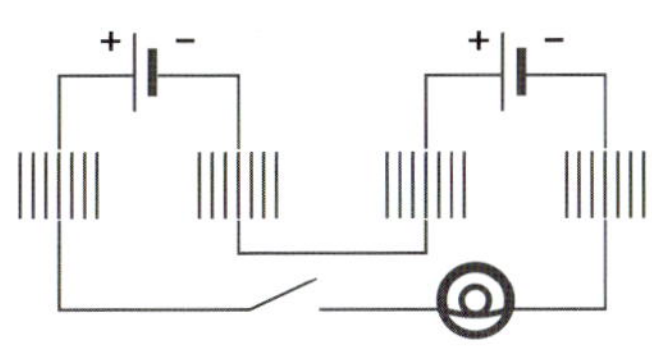

그림 2(a)

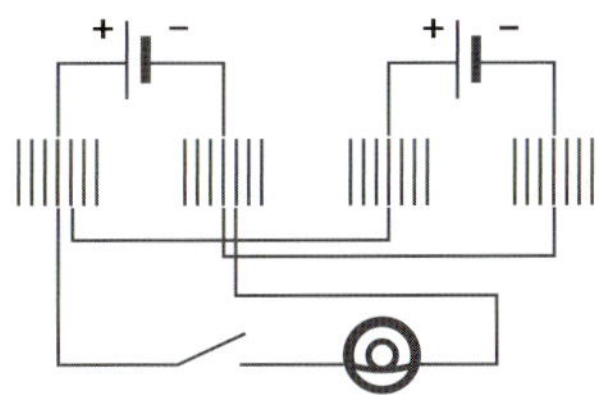

그림 2(b)

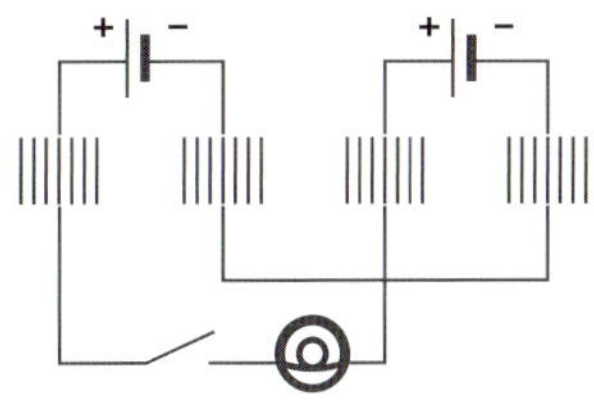

그림 2(c)

3) 가변저항 조절에 따른 전구의 밝기 관찰

1. 그림 3과 같이 전구와 건전지 사이에 가변저항을 연결한다.
2. 가변저항 조절 손잡이를 오른쪽으로 돌리면서 전구의 밝기를 관찰한다.

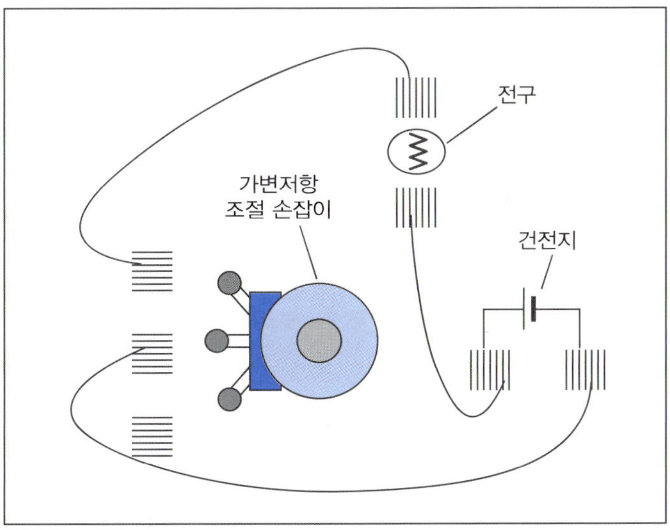

그림 3

Report
03 전기회로 실험보드 소개

학과:	이름(조):	공동실험자:
학번:		
실험수행일자:	당일 레포트 완성	1주 후 레포트 완성
조교확인: ㊞	조교확인: ㊞	조교확인: ㊞

1 실험 목적

2 핵심 이론

3 실험 결과

1) 전구 연결방법에 따른 전구의 밝기 관찰

	전구 연결방식 (직렬/병렬)	전구의 밝기 (밝다/어둡다)	전구 1개를 뺏을 때 (작동함/작동안함)
그림 1(a)			
그림 1(b)			

분석

2) 건전지 연결방법에 따른 전구의 밝기 관찰

	전구 연결방식 (직렬/병렬)	전구의 밝기 (밝다/어둡다)
그림 2(a)		
그림 2(b)		
그림 2(c)		

분석

3) 가변저항 조절에 따른 전구의 밝기 관찰

	왼쪽 끝	중앙	오른쪽 끝
밝기(강, 중간, 약)			

분석

옴의 법칙

Experiment 04

1 실험 목적

옴의 법칙에 관련된 전류, 전압, 저항의 개념을 실험을 통해 이해한다.

2 실험 이론

도체 양단에 전위차 V가 인가될 때 도체를 흐르는 전류 I는 인가된 전압에 비례하는 것으로 알려져 있다. 즉 $I \propto V$이므로 $V = IR$로 쓸 수 있다. 여기서 R을 도체의 저항이라 부르고, 도체 양단의 전위차와 전류의 비로 정의된다.

$$R = \frac{V}{I}$$

I의 단위는 암페어(A)를, V의 단위는 볼트(V)를, R의 단위는 옴(Ω)을 사용한다. 위 식은 $V = IR$ 혹은 $I = \frac{V}{R}$로 표현되기도 한다.

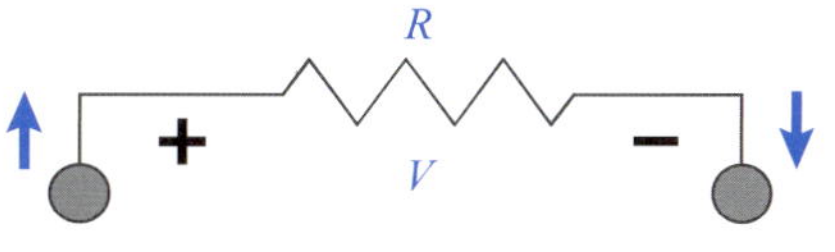

전류, 전합, 저항에 대한 개념을 강물의 흐름에 비교해보면 이해가 잘 된다. 일정한 폭과 깊이를 가진 강에서 물이 아래쪽으로 흐를 때 물의 흐름률(전류와 유사)은 강 하구가 수평과 이루는 각(전압과 유사)과 바위, 강둑, 그리고 다른 장애물(저항과 유사)은 물론, 강의 폭과 깊이에 의존한다.

마찬가지로 균질한 도체를 흐르는 전류는 인가전압에 의존하고 도체의 저항은 도체 내 원자와 전자의 충돌에 기인한다. 대부분의 금속을 포함하는 많은 물질에 대해 저항은 넓은 영역의 인가전압에 대해 일정함을 보여준다. 이러한 동작은 저항의 계통적 연구를 최초로 수행한 옴(Georg Simon Ohm, 1787～1854) 이후 옴의 법칙(Ohm's law)으로 알려졌다.

저항값은 아래 그림과 같이 색띠로 표시한다. 첫 번째 색띠와 두 번째 색띠는 저항값의 첫째 자리 수와 둘째 자리 수를 나타내고, 세 번째 색띠는 10의 몇 제곱인지를 나타낸다. 네 번째 색띠가 없는 경우는 실제 저항값이 색띠가 나타내는 값과 ±20%의 오차를 지닐 수 있음을 의미하고, 은색 띠가 있는 경우는 ±10%, 금색 띠가 있는 경우는 ±5%, 빨간색 띠가 있는 경우는 ±2%로 매우 정확함을 의미한다. 각 색이 의미하는 수는 다음 표와 같이 정해져 있다.

색띠(1~3번째)	수	색띠(4번째)	허용오차
검정(Black)	0	없음(None)	±20%
갈색(Brown)	1	은색(Silver)	±10%
빨강(Red)	2	금색(Gold)	±5%
주황(Orange)	3	빨강(Red)	±2%
노랑(Yellow)	4		
초록(Green)	5		
파랑(Blue)	6		
보라(Violet)	7		
회색(Gray)	8		
하양(White)	9		

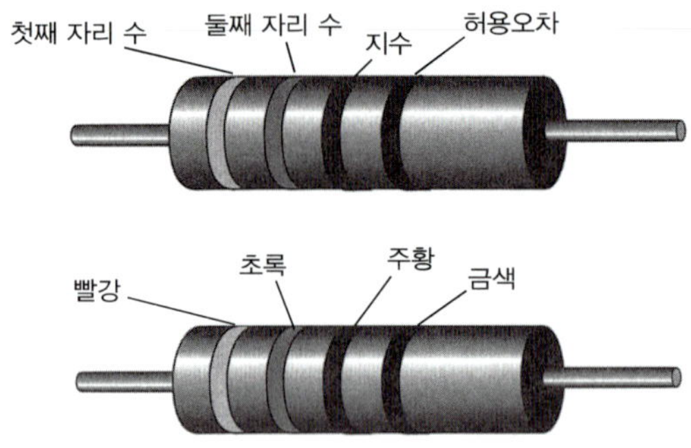

예를 들어 색띠가 빨강, 초록, 주황, 금색의 순으로 되어 있다면

$$25 \times 10^3\ \Omega \pm 5\% = 25\ \text{k}\Omega \pm 5\%$$

임을 나타낸다.

3 실험 장비 및 부품

조교확인 : ㉧ 일자 :

모양	이름		실험 전	실험 후
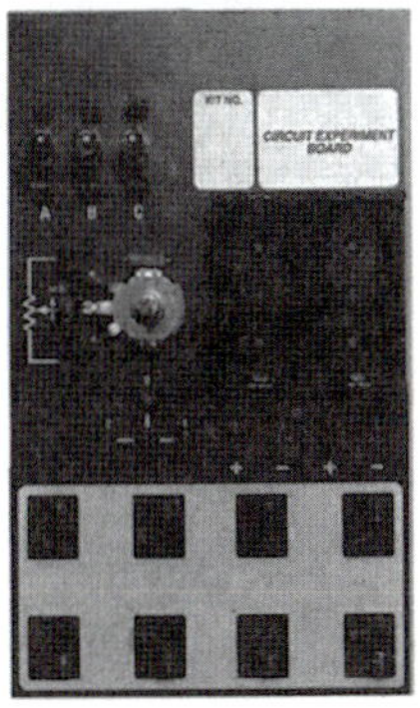	전기회로 실험보드 (Circuit Experiment Board)			
	저항 (Resistors)	갈 검 검 금		
		갈 검 갈 금		
		주 주 갈 금		
		초 파 갈 금		
		갈 검 빨 금		
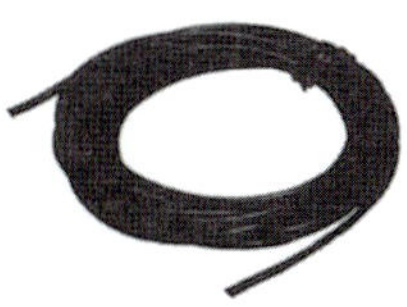	전선 (Wire)	Long(5)		
		Short(4)		
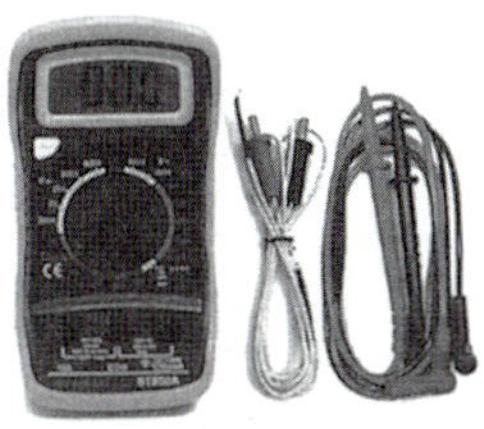	디지털 멀티미터 (Digital Multimeter) & 테스트 선 (Test Lead)			
	건전지(2) (D-Cell Battery)			

종료 후 실험 기구의 유무를 확인받읍시다.

잠깐 실험 기구의 유무를 확인하고 실험 시작

디지털 멀티미터(DMN)

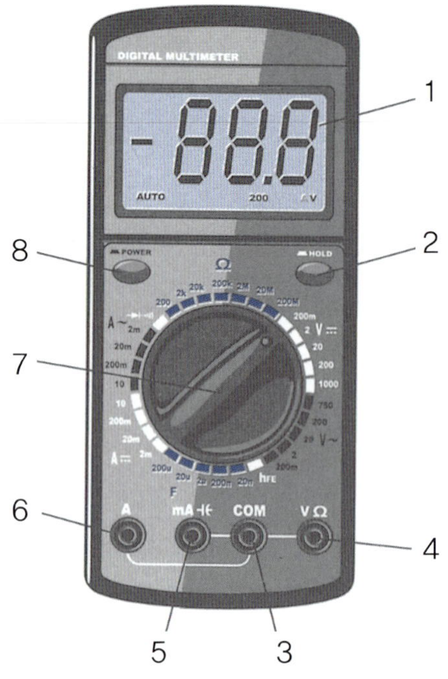

구조

1: 디스플레이 창

2: 데이터 값 유지. 버튼 - 한 번 누르면 유지모드가 되고 한 번 더 누르면 유지모드를 나감.

3: COM 입력단자　　　4: V, 입력단자

5: mA 입력단자　　　6: 20 A/10 A 입력단자

7: 회전스위치　　　8: 전원 버튼

회전스위치

$\overline{V}$ 직류 전압

1000 - 1000 V까지 측정

200 - 200 V까지 측정

20 - 20 V까지 측정

2 - 2 V까지 측정

200 m - 200 mV까지 측정

$\overline{A}$ 직류 전류

20 - 20 V까지 측정

200 m - 200 mV까지 측정

2 m - 2 mV까지 측정

Ω 저항

20 M - 20 MΩ까지 측정

2 M - 2 MΩ까지 측정

20 K - 20 KΩ까지 측정

2 K - 2 KΩ까지 측정

200 - 200 Ω까지 측정

주의사항

- 테스트 선이 파손되거나 금속이 노출된 부분이 없는지 확인한다.
- 디지털 멀티미터에 표시된 규격 전압을 넘지 않는 전압으로 사용한다.
- 디스플레이 창이 "1"이 나오면 선택된 범위를 넘어간 것이므로 회전스위치를 돌려서 더 큰 범위를 선택한다.
- 측정할 때 적당한 회전스위치로 범위를 적당히 맞추고 알맞은 기능과 알맞은 전극을 사용한다.
- 저항을 측정하기 전에 회로의 전원을 꺼두고, 축전기는 모두 방전시킨다.
- 건전지 부족 표시(- +)가 뜨면 바로 갈아주어야 한다. 건전지 부족은 디지털 멀티미터에 전기적 충격과 손상을 주어 값이 잘못 측정될 수 있다.
- 오랫동안 사용하지 않을 때에는 미터기 전원을 끈다.
- 건전지 수명을 보존하기 위해 미터기를 15분 동안 회전스위치를 돌리거나 아무 버튼도 사용하지 않으면 자동적으로 꺼진다. 전원 버튼을 2번 누르면 활성화된다.
- 디스플레이 창의 – 표시는 음수 값을 나타낸다.

4 실험 방법

1) 전류 측정

1. 임의의 저항 하나를 집어서 색띠로부터 저항값을 읽고, 결과표의 해당란에 기록한다.
2. 전기회로 실험보드에 나와 있는 2개의 스프링에 저항을 걸쳐서 끼운다.
3. 디지털 멀티미터의 회전스위치를 $\overline{\overline{\text{A}}}$: 200 mA 범위로 돌리고, +(Red) 테스트 선은 mA 입력단자에, −(Black) 테스트 선은 COM 입력단자에 연결한다.
4. 그림 1과 같이 전선을 연결한다.
5. 디지털 멀티미터의 −(Black) 테스트 선을 저항의 한쪽 끝에, +(Red) 테스트 선은 건전지의 +극과 연결하고, 디스플레이 창에 나타나는 전류값을 읽는다.
6. 제공된 모든 저항에 대해 1～5 과정을 반복하고 결과표의 해당란에 기록한다.

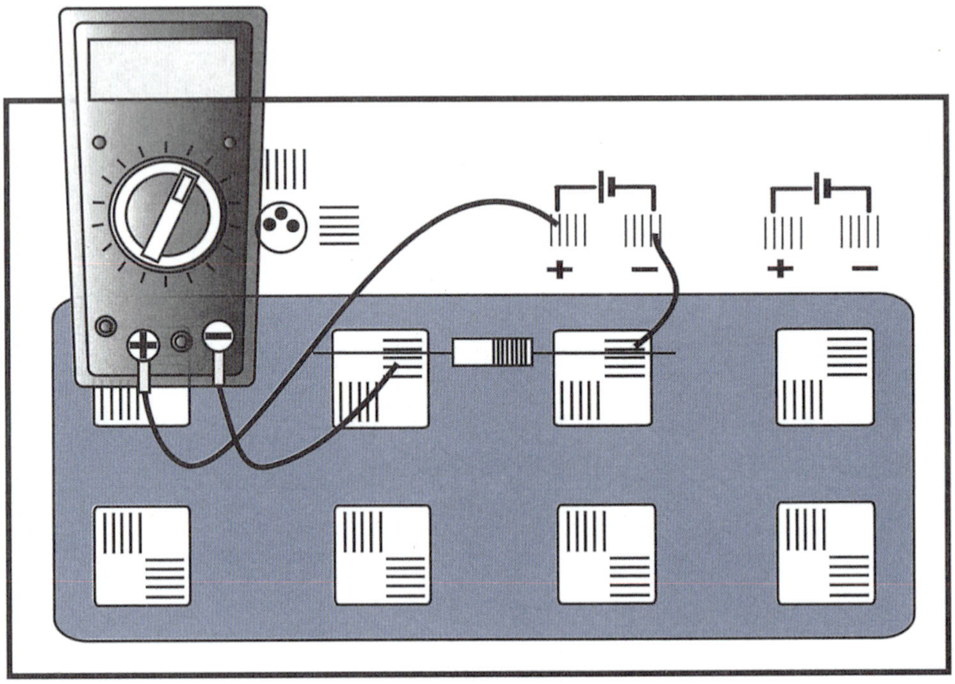

그림 1 전류 측정 회로

2) 전압 측정

1. 멀티미터의 회전스위치를 $\overline{\overline{\text{V}}}$: 2 V 범위로 돌린다.
2. 그림 2와 같이 전선을 연결한다.
3. 디지털 멀티미터의 +(Red) 테스트 선은 V, Ω 입력단자에, −(Black) 테스트 선은 COM 입력단자에 연결한다.
4. 디지털 멀티미터의 두 테스트 선을 저항의 양쪽에 연결한다.
5. 디지털 멀티미터의 디스플레이 창에 나타나는 전압을 측정한다.
6. 제공된 모든 저항에 대해 1~5 과정을 반복하고 결과표의 해당란에 기록한다.
7. 각 저항에 대해 측정된 전압과 저항으로부터 $\frac{V}{R}$를 계산하여 측정된 전류와의 %오차를 구한다.
8. 저항을 수평축에, 전류를 수직축에 나타내어 그래프를 그려서 저항과 전압은 서로 반비례 관계를 나타냄을 보여라.

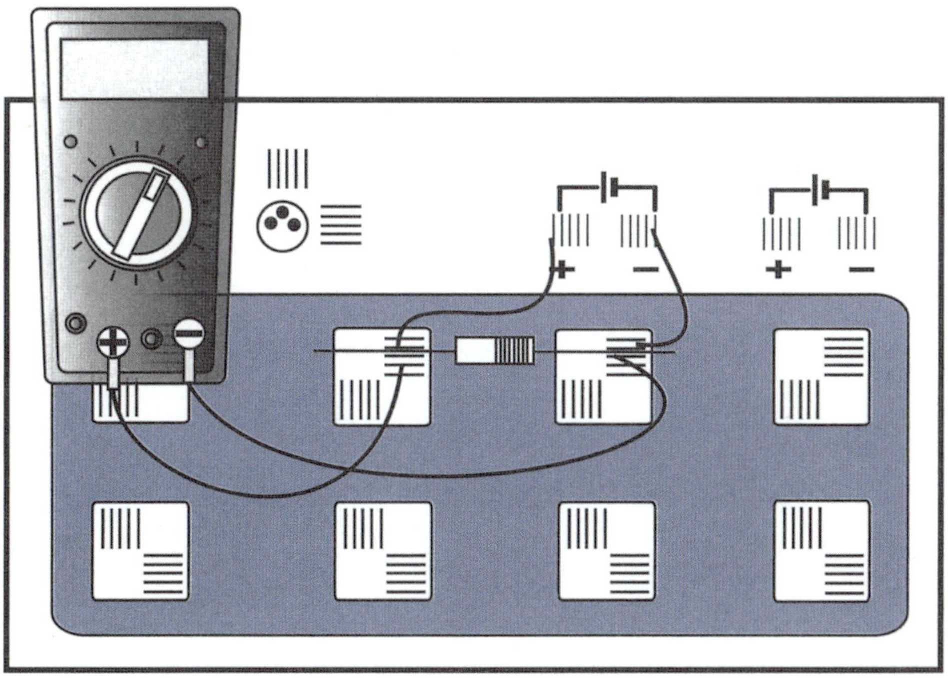

그림 2 전압 측정 회로

Report

04 옴의 법칙

학과:	이름(조):	공동실험자:
학번:		
실험수행일자:	당일 레포트 완성	1주 후 레포트 완성
조교확인: ㊞	조교확인: ㊞	조교확인: ㊞

1 실험 목적

2 핵심 이론

3 실험 결과

색띠	저항(R)	전류(mA)	전압(V)	$\frac{V}{R}$(mA)	%오차

그래프

분석

회로의 저항

Experiment 05

1 실험 목적

전기회로에서 저항의 직렬연결과 병렬연결, 그리고 직렬과 병렬 혼합연결에 따른 등가저항을 계산한다.

2 실험 이론

2개 이상의 저항이 직렬로 연결되어 있고 전압 ε이 인가된 회로를 생각해보자. 같은 양의 전하가 주어진 시간 내에 두 저항을 통과하고 전류는 두 저항에서 같다.

그림 1(a)에서 a와 b 사이의 전위차는 IR_1이고 b와 c 사이의 전위차는 IR_2이기 때문에 a와 c 사이의 전위차는

$$\varepsilon = IR_1 + IR_2 = I(R_1 + R_2)$$

이다. 건전지 양단의 전위차가 아래 그림 1(b)에서처럼 등가저항에 인가된다.

$$\varepsilon = IR_{eq}$$

두 식으로부터 직렬로 연결된 3개 이상의 저항의 등가저항은 $R_{eq} = R_1 + R_2 + R_3 + \cdots$이 된다. 그러므로 직렬연결인 저항들의 등가저항은 개개의 저항의 대수합이고 개개의 어느 저항보다도 항상 더 크다.

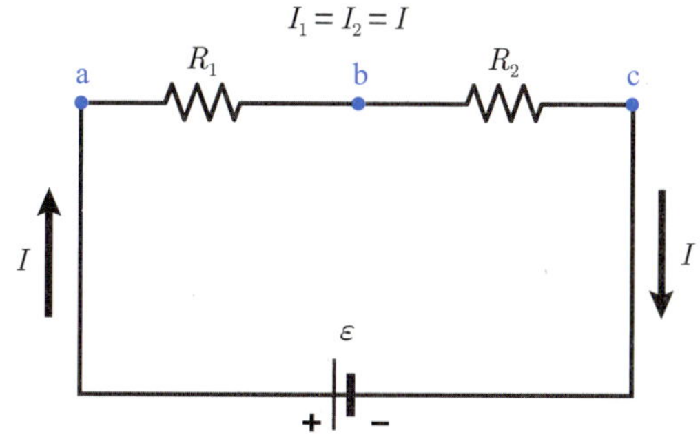

그림 1(a)

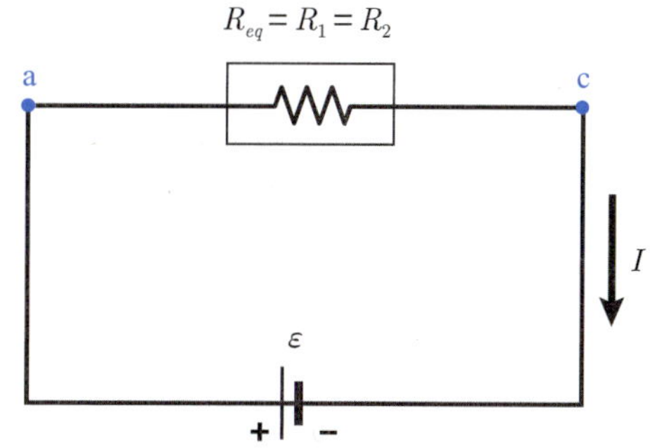

그림 1(b)

다음으로 2개 이상의 저항들이 병렬로 연결되어 있고 전압 ε이 인가된 회로를 생각해보자. 저항 양단의 전위차는 각 저항이 건전지 양단에 직접 연결되어 있기 때문이다. 그러나 전류는 같지 않다.

그림 2(a)에서 전하가 a점(분기점이라 불리는)에 도달할 때 R_1에는 I_1, 그리고 R_2에는 I_2인 두 부분으로 전류가 갈라진다. 만일 R_1이 R_2보다 더 크면 I_1은 I_2보다 저 작다. 전하는 보존되어야 하므로 a점으로 들어오는 전류 I는 a점을 떠나는 전체 전류와 같아야 한다.

$$I = I_1 + I_2$$

저항들 양단의 전위차는 같기 때문에 $I_1 = \dfrac{\varepsilon}{R_1}$, $I_2 = \dfrac{\varepsilon}{R_2}$이 되어,

$$I = I_1 + I_2 = \frac{\varepsilon}{R_1} + \frac{\varepsilon}{R_2} = \varepsilon\left(\frac{1}{R_1} + \frac{1}{R_2}\right) = \frac{\varepsilon}{R_{eq}}$$

으로 표현된다. 여기서 R_{eq}는 그림 2(b)와 같이 효과를 갖는 하나의 등가저항이다. 이로부터 병렬로 연결된 3개 이상의 저항의 등가저항은 $\dfrac{1}{R_{eq}} = \dfrac{1}{R_1} + \dfrac{1}{R_2} + \dfrac{1}{R_3} + \cdots$이 된다(병렬로 연결된 둘 이상인 저항의 등가저항의 역수는 각 저항의 역수의 합과 같다). 그러므로 등가저항은 항상 그 그룹에서 가장 작은 저항보다 더 작다.

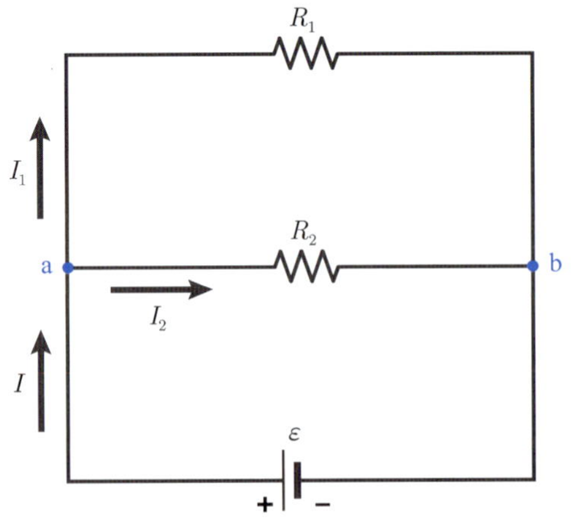

그림 2(a)

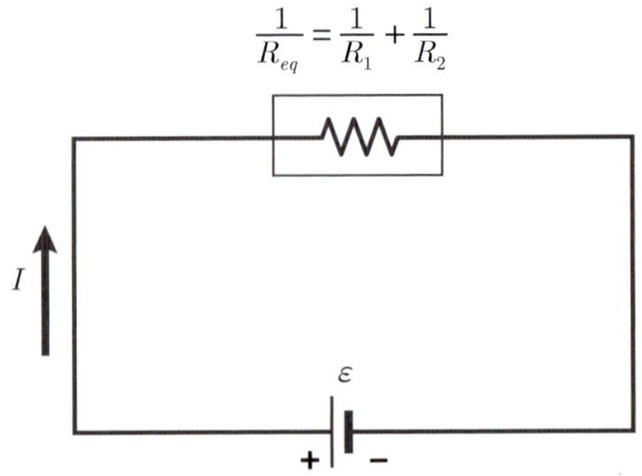

그림 2(b)

3 실험 장비 및 부품

조교확인 : ㉿ 일자 :

모양	이름		실험 전	실험 후
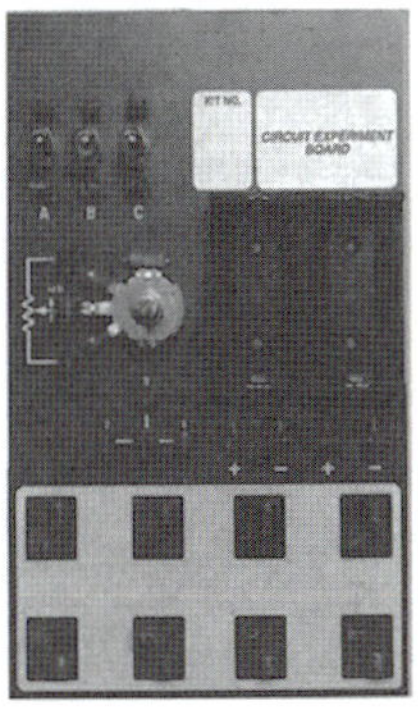	전기회로 실험보드 (Circuit Experiment Board)			
	저항 (Resistors)	갈 검 갈 금		
		주 주 갈 금		
		초 파 갈 금		
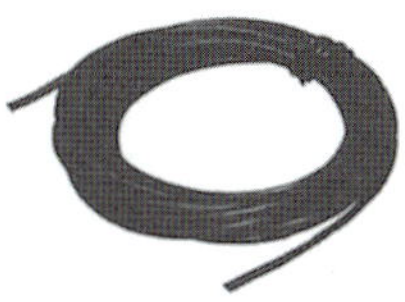	전선 (Wire)	Long(5)		
		Short(4)		
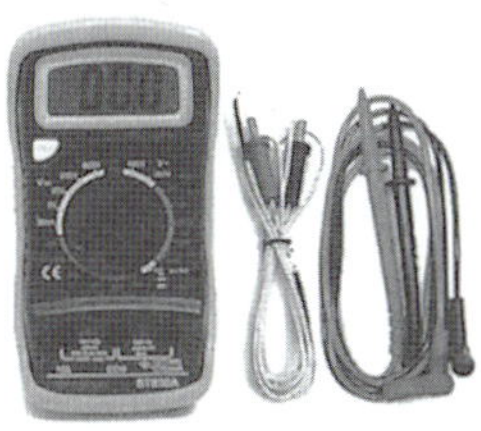	디지털 멀티미터 (Digital Multimeter) & 테스트 선 (Test Lead)			
	건전지(2) (D-Cell Battery)			

종료 후 실험 기구의 유무를 확인받읍시다.

4 실험 방법

1) 1개 저항의 연결

1. 그림 3과 같이 저항을 스프링에 끼운다.

※ 저항 측정 시에는 건전지를 연결하지 않는다.

2. 멀티미터의 회전스위치를 적절한 Ω 범위로 돌린다.
3. 디지털 멀티미터의 +(Red) 테스트 선은 V, Ω 입력단자에, −(Black) 테스트 선은 COM 입력단자에 연결한다.
4. 디지털 멀티미터의 두 테스트 선을 저항의 양쪽에 연결한다.
5. 디지털 멀티미터의 디스플레이 창에 나타나는 저항값을 측정한다.
6. 실험에 사용할 저항들에 대해 1~5 과정을 반복한다.

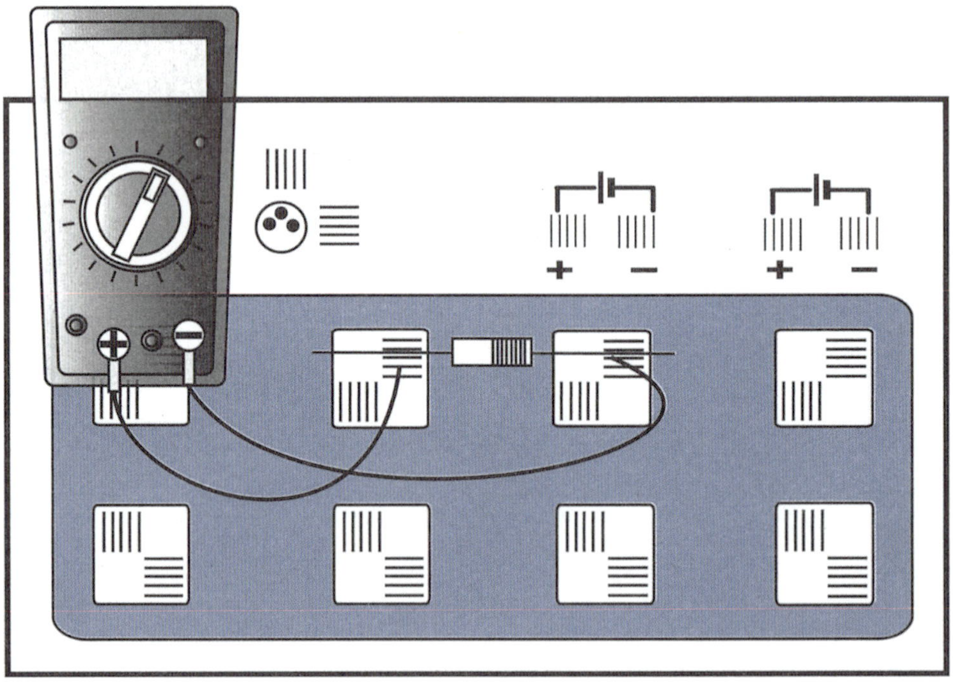

그림 3

2) 저항값이 동일한 3개 저항의 연결

1. 동일한 3개의 저항을 선택해서 각각을 저항 1, 저항 2, 저항 3으로 지정한다.
2. 색띠로부터 $R_{색띠}$를 읽어 결과표의 해당란에 기록한다.
3. 디지털 멀티미터를 사용하여 각 저항의 $R_{측정}$을 구하고 결과표의 해당란에 기록한다.
4. $R_{색띠}$와 $R_{측정}$의 %오차를 구하고, 색띠로 기록된 허용오차 이내에 드는지를 확인한다.
5. 선택한 저항 3개를 직렬로 연결하고, 디지털 멀티미터로 R_{12}, R_{23}, R_{123}을 측정하여 결과표의 해당란에 기록한다.

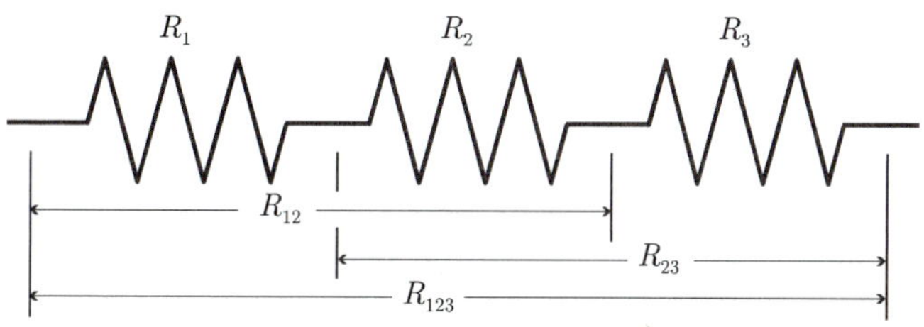

그림 4

6. 선택한 저항 3개를 병렬로 연결하고, 디지털 멀티미터로 R_{12}, R_{23}, R_{123}을 측정하여 결과표의 해당란에 기록한다.

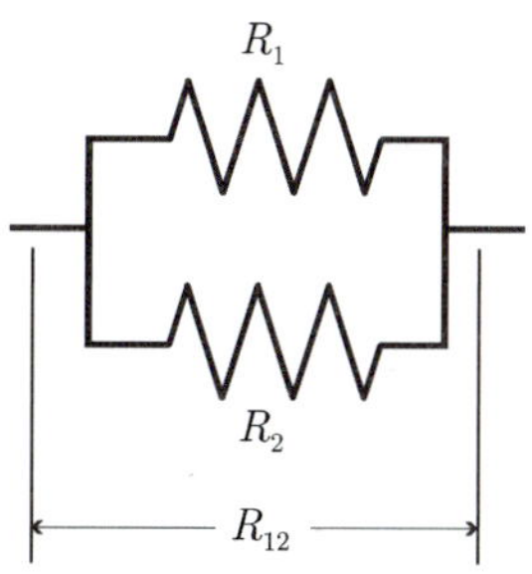

그림 5

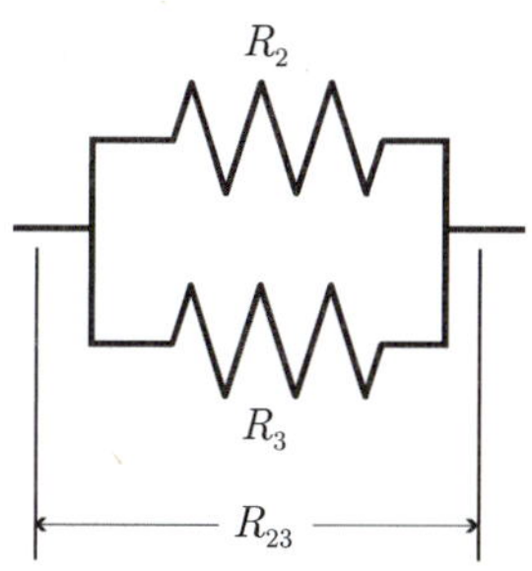

그림 6

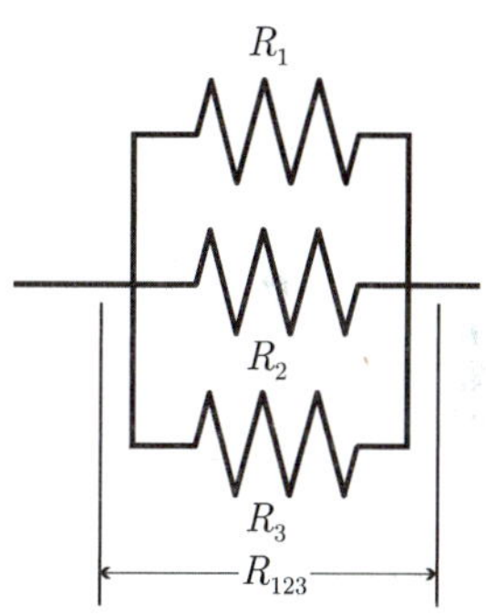

그림 7

7. 선택한 저항 3개를 직렬과 병렬의 혼합으로 연결하고, 디지털 멀티미터로 R_{12}, R_{23}, R_{123}을 측정하여 결과표의 해당란에 기록한다.

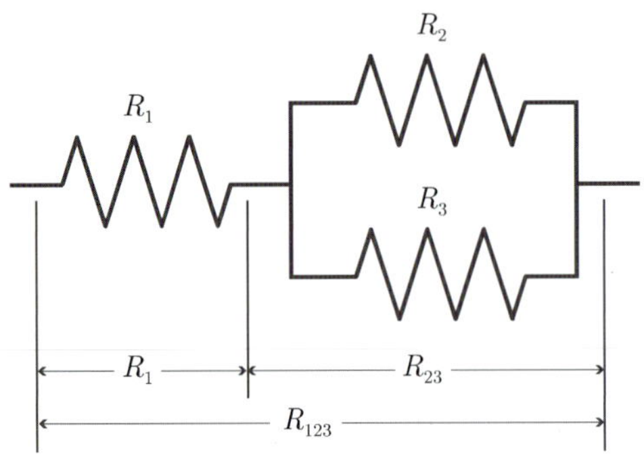

그림 8

3) 저항값이 다른 3개 저항의 연결

1. 저항값이 다른 3개의 저항을 선택해서 각각을 저항 1, 저항 2, 저항 3으로 지정한다.
2. 앞서 실험한 2와 동일한 방법으로 실험을 수행한다.

Report

05 회로의 저항

학과:	이름(조):	공동실험자:
학번:		
실험수행일자:	당일 레포트 완성	1주 후 레포트 완성
조교확인: ㊞	조교확인: ㊞	조교확인: ㊞

1 실험 목적

2 실험 이론

3 실험 결과

1) 저항값이 동일한 3개 저항의 연결

	색띠				$R_{색띠}$	$R_{측정}$	오차율(%)	확인
	1st	2nd	3rd	4th				
저항 1								
저항 2								
저항 3								

$R_{측정}$(직렬연결)		$R_{측정}$(병렬연결)		$R_{측정}$(혼합연결)	
R_{12}		R_{12}		R_{1}	
R_{23}		R_{23}		R_{23}	
R_{123}		R_{123}		R_{123}	

2) 저항값이 다른 3개 저항의 연결

	색띠				$R_{색띠}$	$R_{측정}$	오차율(%)	확인
	1st	2nd	3rd	4th				
저항 1								
저항 2								
저항 3								

$R_{측정}$(직렬연결)		$R_{측정}$(병렬연결)		$R_{측정}$(혼합연결)	
R_{12}		R_{12}		R_{1}	
R_{23}		R_{23}		R_{23}	
R_{123}		R_{123}		R_{123}	

분석

회로의 전압

Experiment 06

1 실험 목적

전기회로에서 저항의 직렬연결과 병렬연결, 그리고 직렬과 병렬 혼합연결에 있어서 각 저항에 대한 전압강하를 측정한다.

2 실험 이론

2개 이상의 저항들이 직렬로 연결되어 있고 전압 ε이 인가된 회로를 생각해보자. 같은 양의 전하가 주어진 시간 내에 두 저항을 통과하고 전류는 두 저항에서 같다.

그림 1에서 회로 내의 전류를 I라 하면 저항 R_1에 의한 전압강하 $V_1 = IR_1$이고 저항 R_2에 의한 전압강하 $V_2 = IR_2$이므로 인가된 총 전압은

$$V_1 + V_2 = V_{12}$$

가 된다. 이때 회로를 연결하는 도선의 저항은 무시하였다. 만일 $R_1 = R_2$라면

$$V_1 = V_2 = \frac{1}{2} V_{12}$$

이고, $R_1 : R_2 = x : 1$이면

$$V_1 : V_2 = x : 1$$

이 된다.

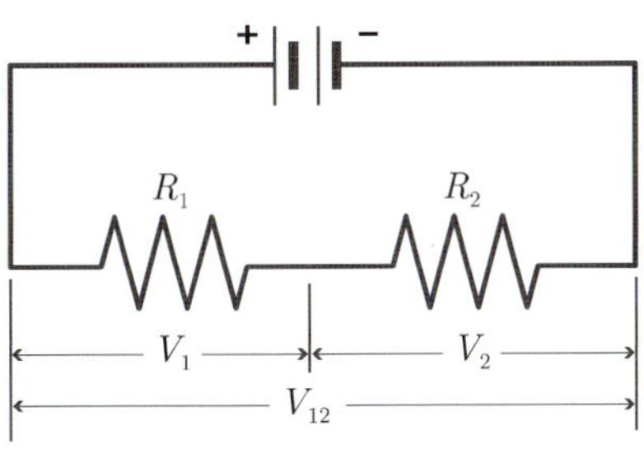

그림 1

다음으로 2개 이상의 저항들이 병렬로 연결되어 있고 전압 ε이 인가된 회로를 생각해보자. 저항 양단의 전위차는 각 저항이 건전지 양단에 직접 연결되어 있기 때문에 두 저항 모두 인가 전압 ε으로 동일하므로

$$V_1 = V_2 = V_{12} = \varepsilon$$

이다.

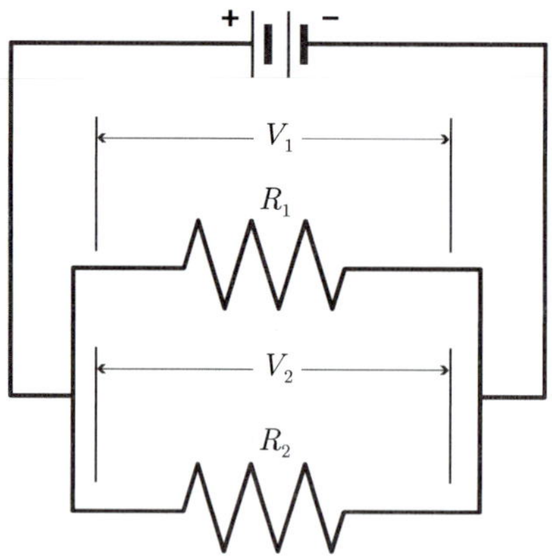

그림 2

마지막으로 그림 3과 같이 3개 이상의 저항들이 직렬 또는 병렬로 연결되어 있고 전압 ε이 인가된 회로는

$$V_1 + V_{23} = V_{123}$$

이 된다. 만일 $R_1 = R_2 = R_3$라면 $V_1 = 2V_{23}$가 된다.

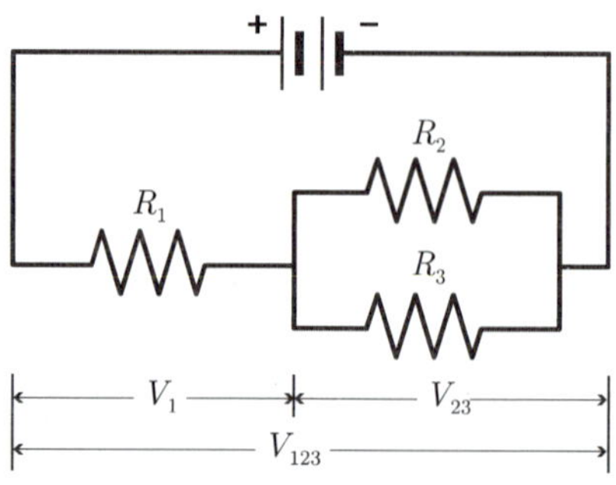

그림 3

3 실험 장비 및 부품

조교확인 : ㉫ 일자 :

<table>
<tr><th>모양</th><th colspan="2">이름</th><th>실험 전</th><th>실험 후</th></tr>
<tr><td>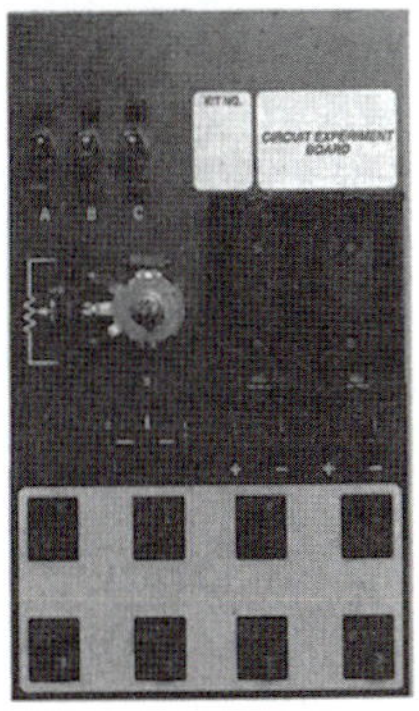</td><td colspan="2">전기회로 실험보드
(Circuit Experiment Board)</td><td></td><td></td></tr>
<tr><td></td><td rowspan="3">저항
(Resistors)</td><td>갈 검 갈 금</td><td></td><td></td></tr>
<tr><td></td><td>주 주 갈 금</td><td></td><td></td></tr>
<tr><td></td><td>초 파 갈 금</td><td></td><td></td></tr>
<tr><td rowspan="2">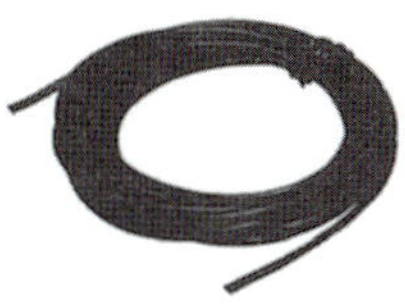</td><td rowspan="2">전선
(Wire)</td><td>Long(5)</td><td></td><td></td></tr>
<tr><td>Short(4)</td><td></td><td></td></tr>
<tr><td>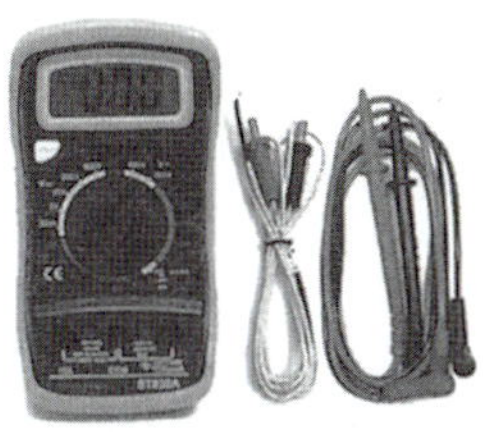</td><td colspan="2">디지털 멀티미터
(Digital Multimeter)
& 테스트 선
(Test Lead)</td><td></td><td></td></tr>
<tr><td></td><td colspan="2">건전지(2)
(D-Cell Battery)</td><td></td><td></td></tr>
</table>

종료 후 실험 기구의 유무를 확인받읍시다.

4 실험 방법

1) 저항값이 동일한 3개 저항의 연결

1. 동일한 3개의 저항을 선택해서 각각을 저항 1, 저항 2, 저항 3으로 지정하고, 그림 4(a)의 직렬회로를 연결한다.
2. 멀티미터의 회전스위치를 적절한 Ω 범위로 돌린다.
3. 디지털 멀티미터의 +(Red) 테스트 선은 V, Ω 입력단자에, −(Black) 테스트 선은 COM 입력단자에 연결한다.
4. 디지털 멀티미터의 두 테스트 선을 그림 4(a)처럼 각 저항의 양쪽에 꽂고, R_1, R_2, R_3, R_{12}, R_{23}, R_{123}을 측정한다.
5. 멀티미터의 회전스위치를 $\overline{\overline{\mathrm{V}}}$: 2 V 범위로 돌린다.
6. 건전지를 연결하여 그림 4(b)와 같이 회로를 설계한다.
7. 디지털 멀티미터로 V_1, V_2, V_3, V_{12}, V_{23}, V_{123}을 측정하여 결과표의 해당란에 기록하고 건전지 연결 전선을 뽑는다.

※ 테스트 선의 극은 그림 4(b)에 표시한 대로 유의하여 연결하여야 한다.

8. V_1, V_2, V_3의 평균을 구하고, $V_{12} = V_{23} = 2V_{123}$, $V_{123} = V_{평균}$임을 보여라.

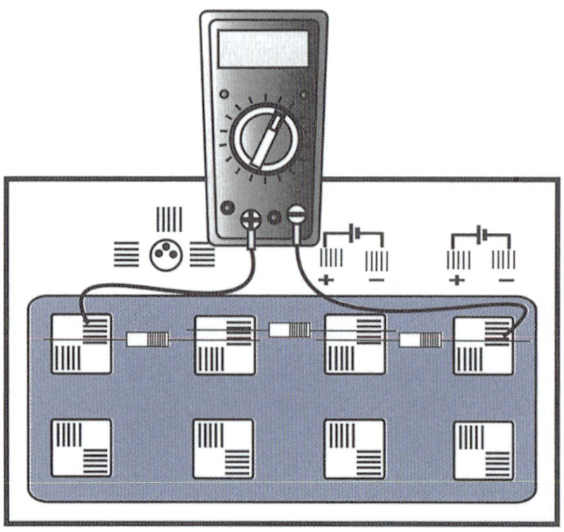

그림 4(a)

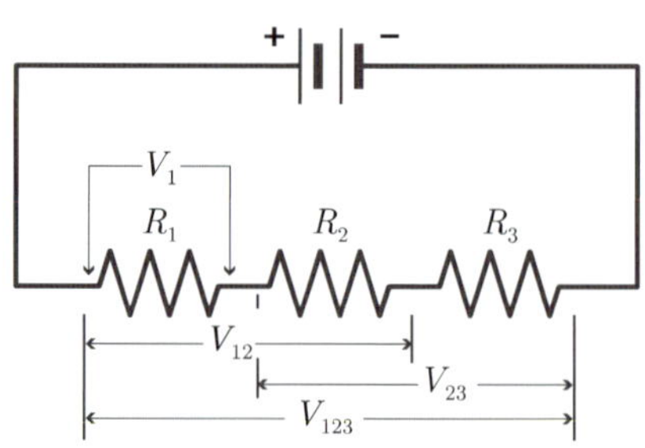

그림 4(b)

9. 그림 5(a)처럼 회로를 연결하고, 디지털 멀티미터로 R_1, R_2, R_3, R_{123}을 측정하여 결과표의 해당란에 기록한다.

10. 건전지 연결 전선을 연결하고 디지털 멀티미터로 V_1, V_2, V_3, V_{123}을 측정하여 이들이 모두 동일함을 확인하고 결과표의 해당란에 기록한다.

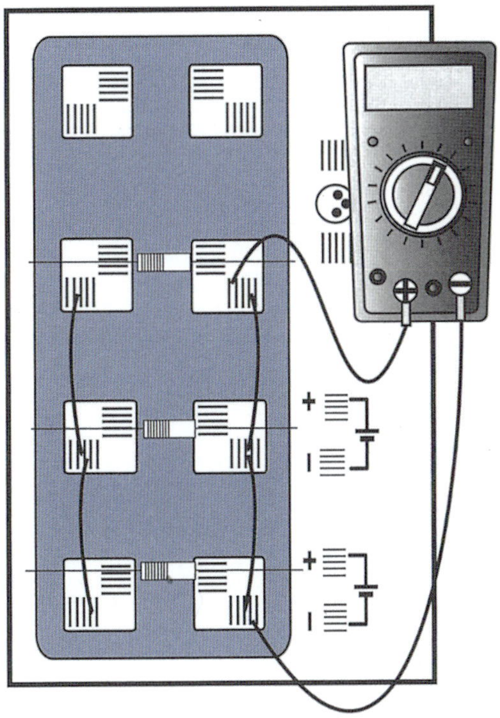

그림 5(a)

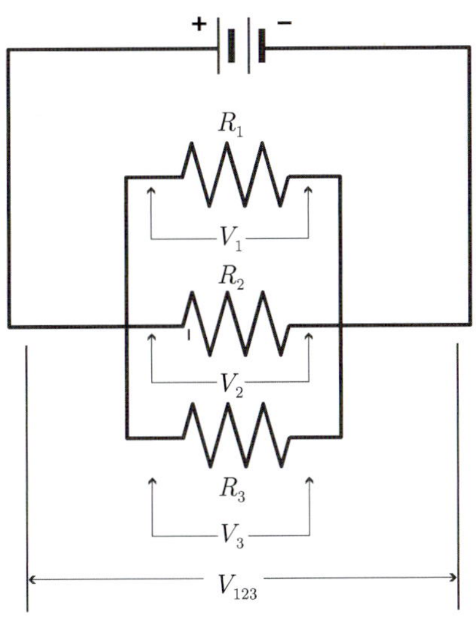

그림 5(b)

11. 건전지 연결 전선을 뽑은 뒤 그림 6(a)처럼 혼합회로를 설계한다.
12. 디지털 멀티미터로 R_1, R_{23}, R_{123}을 측정하여 결과표의 해당란에 기록한다.
13. 건전지 연결 전선을 연결하여 디지털 멀티미터로 V_{12}, V_{23}, V_{123}을 측정하여 $V_{123} = V_1 + V_{23}$임을 확인한 후 결과표의 해당란에 기록한다.

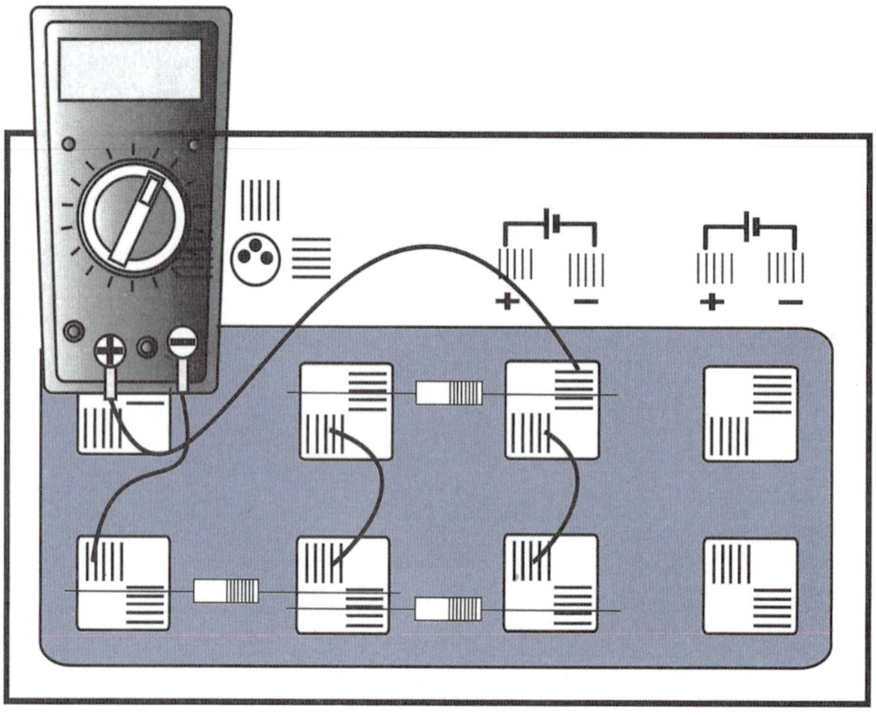

그림 6(a)

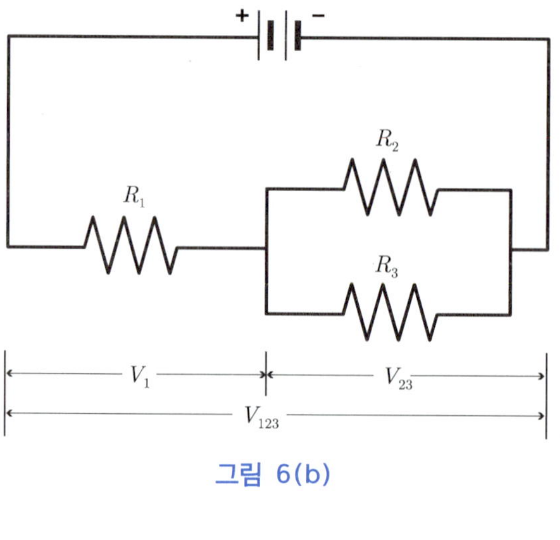

그림 6(b)

2) 저항값이 다른 3개 저항의 연결

1. 서로 다른 3개의 저항을 선택해서 각각을 저항 1, 저항 2, 저항 3으로 지정한다.
2. 앞서 실험한 1～13 과정을 반복수행한다.

Report 06 회로의 전압

학과:	이름(조):	공동실험자:
학번:		
실험수행일자:	당일 레포트 완성	1주 후 레포트 완성
조교확인: ㊞	조교확인: ㊞	조교확인: ㊞

1 실험 목적

2 핵심 이론

3 실험 결과

1) 저항값이 동일한 3개 저항의 연결

저항(Ω)		전압(V)				
		측정		계산		%오차
R_1		V_1				
R_2		V_2		$V_{평균}$		
R_3		V_3				
R_{12}		V_{12}		$2\,V_{평균}$		
R_{23}		V_{23}		$2\,V_{평균}$		
R_{123}		V_{123}		$3\,V_{평균}$		

저항(Ω)		전압(V)	
R_1		V_1	
R_2		V_2	
R_3		V_3	
R_{123}		V_{123}	

저항(Ω)		전압(V)				
		측정		계산		%오차
R_1		V_1		$2\,V_{23}$		
R_{23}		V_{23}				
R_{123}		V_{123}		$V_1 + V_{23}$		

분석

2) 저항값이 다른 3개 저항의 연결

저항(Ω)		전압(V)				
		측정		계산		%오차
R_1		V_1				
R_2		V_2				
R_3		V_3				
R_{12}		V_{12}		$V_1 + V_2$		
R_{23}		V_{23}		$V_2 + V_3$		
R_{123}		V_{123}		$V_1 + V_2 + V_3$		

저항(Ω)		전압(V)	
R_1		V_1	
R_2		V_2	
R_3		V_3	
R_{123}		V_{123}	

저항(Ω)		전압(V)				
		측정		계산		%오차
R_1		V_1				
R_{23}		V_{23}				
R_{123}		V_{123}		$V_1 + V_{23}$		

분석

회로의 전류

Experiment 07

1 실험 목적

직렬연결과 병렬연결회로에서 각 부분의 전류를 측정하여 저항, 전압, 그리고 전류의 관계를 규명해보자.

2 실험 이론

저항이 R인 회로에 전위차 ε이 인가되면 저항에 흐르는 전류는 옴의 법칙에 따라 $I = \frac{\varepsilon}{R}$으로 정의된다. 회로가 저항만을 포함하는 경우는 전위차가 인가되는 순간 $\frac{\varepsilon}{R}$에 해당되는 전류가 흐르고, 이는 시간이 변해도 일정하게 유지된다. 이러한 회로를 정상회로라 부른다.

그림 1과 같이 2개 이상의 저항이 직렬로 연결된 경우는 저항의 끝과 끝이 연결되어 있어서, 같은 양의 전하가 회로 내의 모든 저항을 통과하게 된다. 따라서 회로의 어느 부분에도 동일한 전류가 흐른다. 전류를 측정하기 위해서는 회로를 끊고 전류계를 연결해야 한다. 예를 들어 전원의 +극에 연결된 전선을 끊어서 전류계의 +극 테스트 선에 연결하고 −극 테스트 선은 저항 R_1에 연결한다. 이때 다른 부분에 전류계를 삽입하여도 전류값은 I_0로 거의 동일하다.

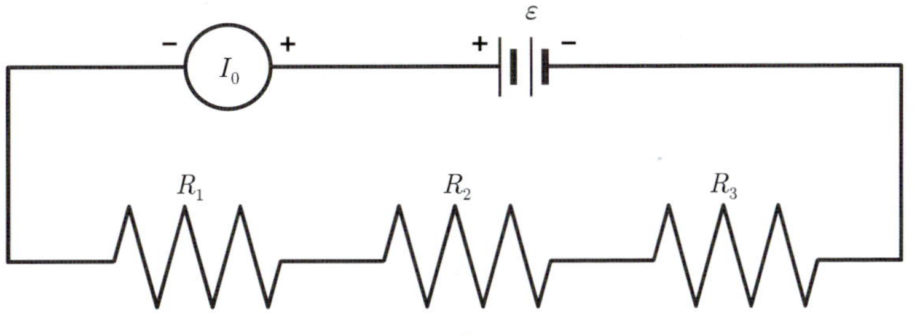

그림 1

그림 1에서 R_1, R_2, R_3에 의한 전압강하는 각각 $I_0 R_1$, $I_0 R_2$, $I_0 R_3$이므로 이들의 합은 인가전압과 같아진다. 즉 $\varepsilon = I_0 R_1 + I_0 R_2 + I_0 R_3$이다.

다음으로 그림 2와 같이 2개 이상의 저항들이 병렬로 연결된 회로에 전압 ε이 인가된 경우를 생각해보자. 전원의 +극과 분기점 사이를 끊고 그 사이에 전류계를 연결하여 I_0의 전류가 측정되었다고 하면, 분기점에 도달해지는 I_0가 세 갈래로 나간다. 즉 R_1에는 I_1, R_2에는 I_2, 그리고 R_3에는 I_3로 각기 다른 전류가 흐르게 된다. 만일 R_1이 R_2보다 더 크면 I_1은 I_2보다 더 작다.

R_1, R_2, R_3는 각기 전원과 병렬연결되어 있으므로 각각의 전압강하 $I_1 R_1$, $I_2 R_2$, $I_3 R_3$는 인가전압 ε과 동일하다. 즉 $I_1 R_1 = I_2 R_2 = I_3 R_3 = \varepsilon$이다. 따라서 $I_1 = \frac{\varepsilon}{R_1}$, $I_2 = \frac{\varepsilon}{R_2}$, $I_3 = \frac{\varepsilon}{R_3}$이 된다. 단 회로 내의 전하량은 보존되어야 하므로 분기점을 떠나는 전류의 합은 분기점으로 들어오는 전류 I_0와 같아야 한다. 즉

$$I_1 + I_2 + I_3 = I_0$$

가 된다.

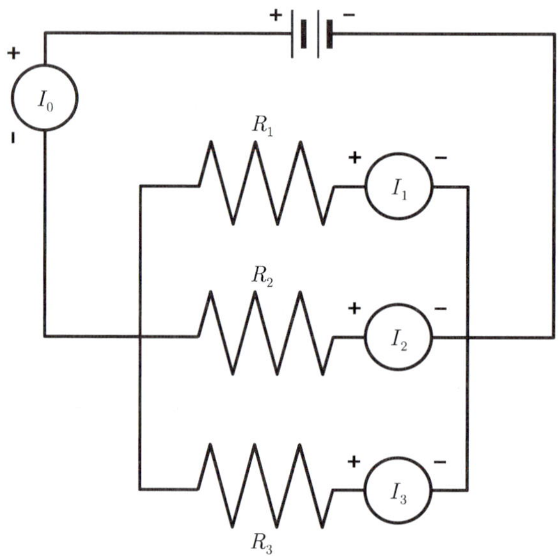

그림 2

3 실험 장비 및 부품

조교확인 : ㉮ 일자 :

<table>
<tr><th>모양</th><th colspan="2">이름</th><th>실험 전</th><th>실험 후</th></tr>
<tr><td>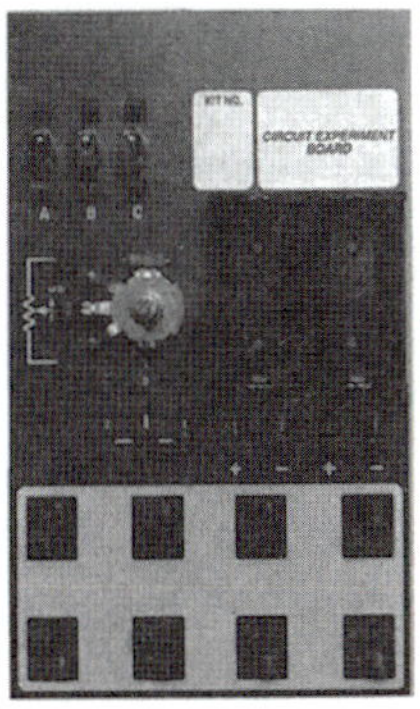</td><td colspan="2">전기회로 실험보드
(Circuit Experiment Board)</td><td></td><td></td></tr>
<tr><td></td><td rowspan="3">저항
(Resistors)</td><td>갈 검 갈 금</td><td></td><td></td></tr>
<tr><td></td><td>주 주 갈 금</td><td></td><td></td></tr>
<tr><td></td><td>초 파 갈 금</td><td></td><td></td></tr>
<tr><td rowspan="2"></td><td rowspan="2">전선
(Wire)</td><td>Long(5)</td><td></td><td></td></tr>
<tr><td>Short(4)</td><td></td><td></td></tr>
<tr><td>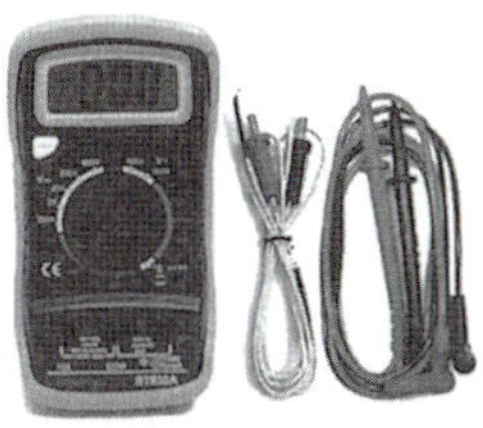</td><td colspan="2">디지털 멀티미터
(Digital Multimeter)
& 테스트 선
(Test Lead)</td><td></td><td></td></tr>
<tr><td></td><td colspan="2">건전지(2)
(D-Cell Battery)</td><td></td><td></td></tr>
</table>

종료 후 실험 기구의 유무를 확인받읍시다.

4 실험 방법

1) 직렬회로

1. 그림 3의 회로도를 따라 저항 3개와 건전지를 연결한다.
2. 건전지에 연결된 스위치 "OFF"를 하고, 디지털 멀티미터의 회전스위치를 Ω에 맞추고 R_1, R_2, R_3, R_{12}, R_{23}, R_{123}을 측정하여 결과표의 해당란에 기록한다.
3. 디지털 멀티미터의 회전스위치를 $\overline{\overline{\text{A}}}$: 200 mA에 맞추고 +극 테스트 선을 건전지의 +극에, −극 테스트 선은 R_1에 연결하고, 전류 I_0를 측정한다.

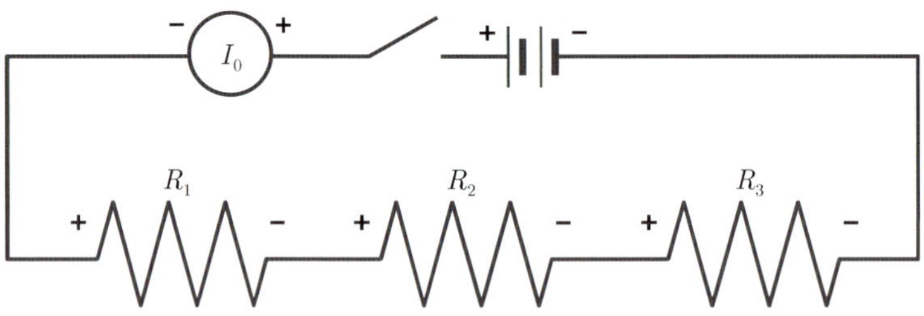

그림 3

4. 디지털 멀티미터를 그림 4에 나타낸 위치로 옮겨가면서 전류 I_1, I_2, I_3를 측정한다. 이들이 모두 I_0와 비슷함을 확인하고, $I_{평균}$을 구하여 결과표의 해당란에 기록한다.

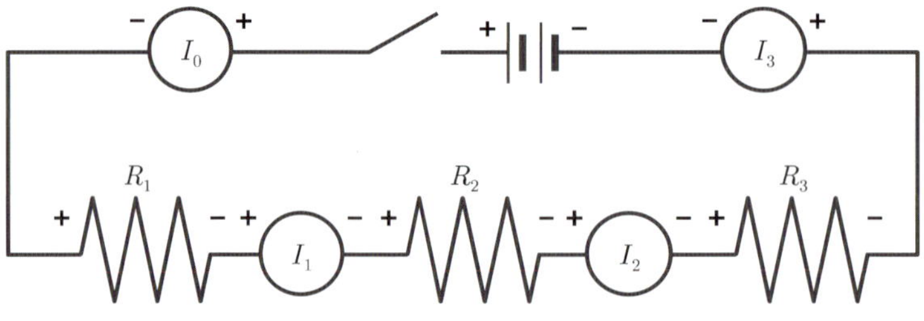

그림 4

5. 디지털 멀티미터의 회전스위치를 $\overline{\overline{\text{V}}}$: 2 V에 맞추고 전압 V_1, V_2, V_3, V_{12}, V_{23}, V_{123}을 측정하여 결과표의 해당란에 기록한다.
6. 결과표의 $V_{계산}$의 $I_{평균}R_1$, $I_{평균}R_2$, $I_{평균}R_3$, $I_{평균}R_{12}$, $I_{평균}R_{23}$, $I_{평균}R_{123}$을 계산하여 기록하고 $V_{측정}$과의 %오차를 구한다.

2) 병렬회로

1. 그림 5의 회로도를 따라 저항 3개와 건전지를 연결한다.
2. 건전지에 연결된 스위치 "OFF"를 하고, 디지털 멀티미터의 회전스위치를 Ω에 맞추고 R_1, R_2, R_3, R_{12}, R_{23}, R_{123}을 측정하여 결과표의 해당란에 기록한다.
3. 디지털 멀티미터의 회전스위치를 $\overline{\overline{\text{V}}}$: 2 V에 맞추고 +극 테스트 선과 −극 테스트 선을 건전지의 양단에 연결하고, 전압 V_{123}을 측정한다.
4. 디지털 멀티미터를 그림 5에 나타낸 위치로 옮겨가면서 전압 V_1, V_2, V_3를 측정한다. 이들이 모두 V_{123}과 비슷함을 확인하고, $V_{평균}$을 구하여 결과표의 해당란에 기록한다.
5. 디지털 멀티미터의 회전스위치를 $\overline{\overline{\text{A}}}$: 200 mA에 맞추고 전류 I_0, I_1, I_2, I_3, I_4를 측정하여 결과표의 해당란에 기록한다.
6. 결과표의 $I_{계산}$에 $\frac{V_{평균}}{R_1}$, $\frac{V_{평균}}{R_2}$, $\frac{V_{평균}}{R_3}$을 계산하여 기록하고 $I_{측정}$과의 %오차를 구한다.

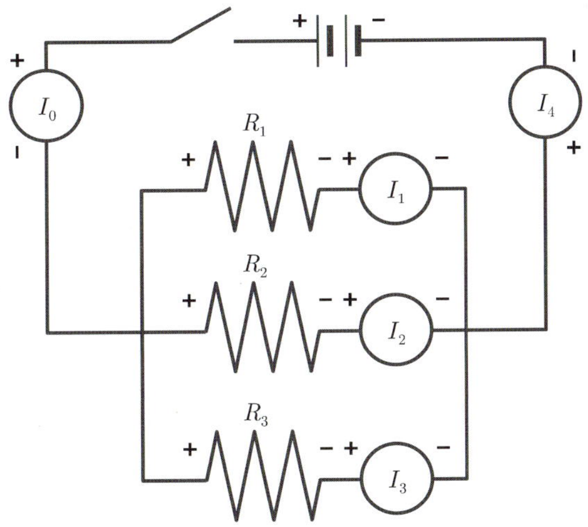

그림 5

Report

07 회로의 전류

<table>
<tr><td>학과:</td><td rowspan="2">이름(조):</td><td rowspan="2">공동실험자:</td></tr>
<tr><td>학번:</td></tr>
<tr><td>실험수행일자:</td><td>당일 레포트 완성</td><td>1주 후 레포트 완성</td></tr>
<tr><td>조교확인: ㊞</td><td>조교확인: ㊞</td><td>조교확인: ㊞</td></tr>
</table>

1 실험 목적

2 핵심 이론

3 실험 결과

저항(Ω)		전류(mA)		전압(V)			
					$V_{측정}$	$V_{계산}$	%오차
R_1		I_0		V_1			
R_2		I_1		V_2			
R_3		I_2		V_3			
R_{12}		I_3		V_{12}			
R_{23}		$I_{평균}$		V_{23}			
R_{123}				V_{123}			

저항(Ω)		전압(V)		전류(mA)			
					$I_{측정}$	$I_{계산}$	%오차
R_1		V_1		I_0			
R_2		V_2		I_1			
R_3		V_3		I_2			
R_{123}		V_{123}		I_3			
		$V_{평균}$		I_4			

분석

키르히호프의 법칙

Experiment 08

1 실험 목적

전기회로에 대해 키르히호프의 법칙을 실험적으로 증명해보자.

2 실험 이론

간단히 회로에서는 저항의 직렬과 병렬연결에 대한 규칙과 $V = IR$ 식을 이용하여 각 저항에 흐르는 전류를 결정할 수 있다. 그러나 그림 1과 같은 회로는 단 하나의 등가저항으로 줄일 수 없도록 연결되어 있다. 이러한 회로를 분석하는 방법은 키르히호프의 법칙(Kirchhoff's rule)이라 불리는 2개의 간단한 규칙을 사용하면 아주 간단하다.

- **분기점에서 전류의 합은 0과 같아야 한다.**

$$\sum_{\text{분기점}} I = 0$$

- **임의의 닫힌회로를 돌아서 각 요소 양단의 전위차의 합은 0이 되어야 한다.**

$$\sum_{\text{폐회로}} \Delta V = 0$$

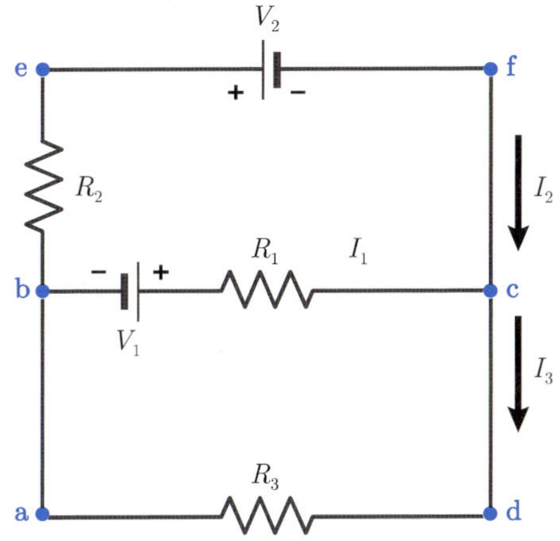

그림 1

키르히호프의 법칙은 일반적인 회로에서 각 요소를 흐르는 전류를 결정하는 데 이용된다. 이 규칙을 이용하는 데 있어서 우선 회로도를 그리고 회로 각 장치에 흐르는 전류의 방향을 가정한다. 그 장치 곁에 방향을 나타내는 화살표를 그리고 I_1, I_2, I_3 등과 같이 각각 독립된 전류를 기호로 지정한다.

그림 1의 회로도에서는 b와 c가 분기점이다. 분기점에 관한 규칙은 전하보존을 말한다. 회로에서 어느 시간에 주어진 점으로 들어가는 전하의 양은 같은 시간에 그 점을 떠나야 한다. 왜냐하면 전하는 한 점에서 없어지거나 증강될 수 없기 때문이다.

분기점으로 향하는 전류는 $+I$로 들어가고, 반면에 분기점 밖으로 향하는 전류는 $-I$로 나간다.

그림 1 회로의 c에서 분기점에 관한 규칙을 적용하면 다음의 식을 얻는다.

$$I_1 + I_2 - I_3 = 0$$

그림 1에는 abcda, aefda, 그리고 befcb의 3개의 폐회로(닫힌회로)가 있다. 폐회로를 따라 움직이는 전하를 상상하여 보면 보존력인 전기력에 의해 행해진 전체 일은 0이어야 한다. 전체 일은 전하가 여러 회로요소를 통과할 때의 양의 일과 음의 일의 합이다.

일은 퍼텐셜에너지의 변화와 관계되고 퍼텐셜에너지의 변화는 전위차와 관계되기 때문에 모든 일의 합이 0인 것은 모든 전위차의 합이 0인 것과 같다. 이것이 키르히호프의 폐회로에 대한 규칙이다.

다음 부호에 대한 정의가 폐회로에 관한 규칙을 적용하는 데 도움을 준다. 예를 들어 폐회로 내에서 이동 방향을 임의로 잡은 경우,

- 저항을 흐르는 전류가 같은 방향으로 흐르면 저항 양단의 전위차는 $-IR$이다.
- 저항을 흐르는 전류가 반대 방향으로 흐르면 저항 양단의 전위차는 $+IR$이다.
- 기전력원이 이동 방향을 따라 $-$ 단자에서 $+$ 단자로 이동하면 전위차는 $+\varepsilon$이다.
- 기전력원이 이동 방향을 따라 $+$ 단자에서 $-$ 단자로 이동하면 전위차는 $-\varepsilon$이다.

3 실험 장비 및 부품

조교확인 : ㉣ 일자 :

모양	이름		실험 전	실험 후
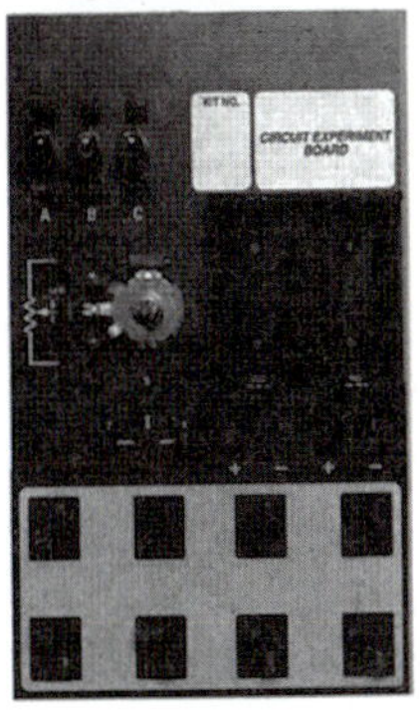	전기회로 실험보드 (Circuit Experiment Board)			
	저항 (Resistors)	갈 검 검 금		
		갈 검 갈 금		
		주 주 갈 금		
		초 파 갈 금		
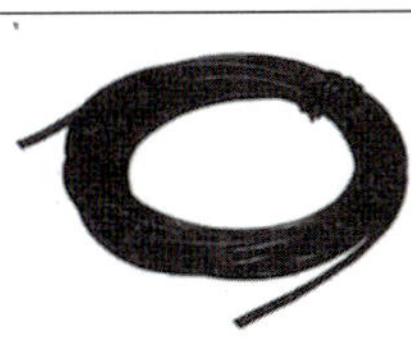	전선 (Wire)	Long(5)		
		Short(4)		
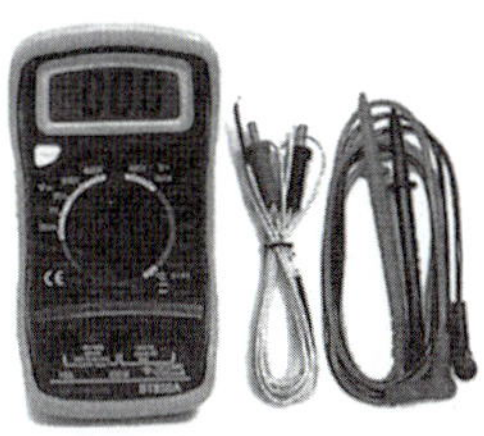	디지털 멀티미터 (Digital Multimeter) & 테스트 선 (Test Lead)			
	건전지(2) (D-Cell Battery)			

종료 후 실험 기구의 유무를 확인받읍시다.

4 실험 방법

주의사항

- **저항, 전압, 전류를 측정할 때는 반드시 디지털 멀티미터의 회전스위치를 이에 해당되는 곳으로 돌리고, +, − 테스트 선도 해당되는 단자에 꽂아야 한다.**

1. 실험에 쓰일 저항 5개를 선택하고 멀티미터를 사용하여 각각의 저항값을 측정하고 표 1-1의 R_1, R_2, R_3, R_4, R_5에 기록한다. (저항은 100 Ω, 330 Ω, 560 Ω 중에서 선택한다.)
2. 그림 2(a)처럼 회로를 연결한다. 그림 2(b)는 이에 대한 회로도를 나타낸 것이다.

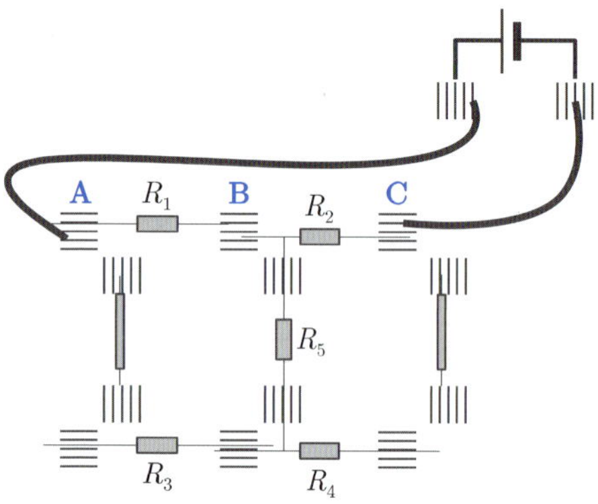

그림 2(a)

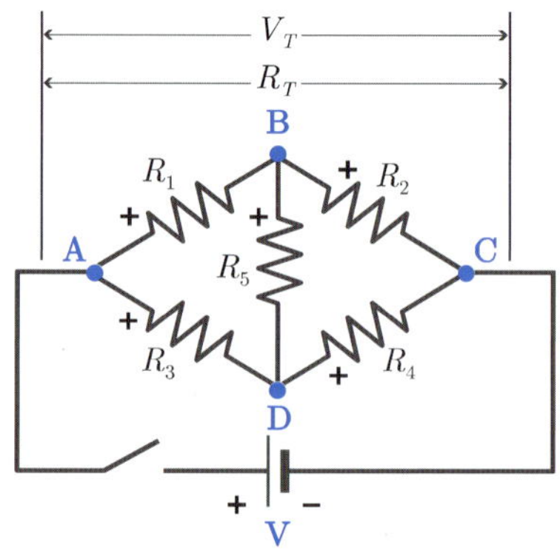

그림 2(b)

3. 건전지의 +극 쪽에 연결된 전선을 빼어 스위치 "OFF"시키고, A와 C 사이의 저항 R_T을 측정하여 표 1-1에 기록한다.

※ 저항 측정 시에는 반드시 건전지를 연결하지 않아야 한다.

4. 그림 2(b)의 스위치를 닫아 회로에 전류가 흐르게 하고, 각 저항에 의한 전압강하 V_1, V_2, V_3, V_4, V_5와 A와 C 사이의 전체 전압 V_T을 측정하여 표 1-1에 기록한다.

※ 멀티미터의 + 테스트 선을 그림 2(b)에 표시된 "+" 부분에 위치시킨다.

5. 그림 2(c)와 같이 저항 근처의 회로를 끊고 그 사이에 멀티미터의 두 단자를 연결하여 각 저항에 흐르는 전류 I_1, I_2, I_3, I_4, I_5와 건전지의 +극과 A 사이의 전체 전류 V_r을 측정하여 표 1-1에 기록한다.

※ 그림에 나타낸 +, −극을 유의하여 연결한다.

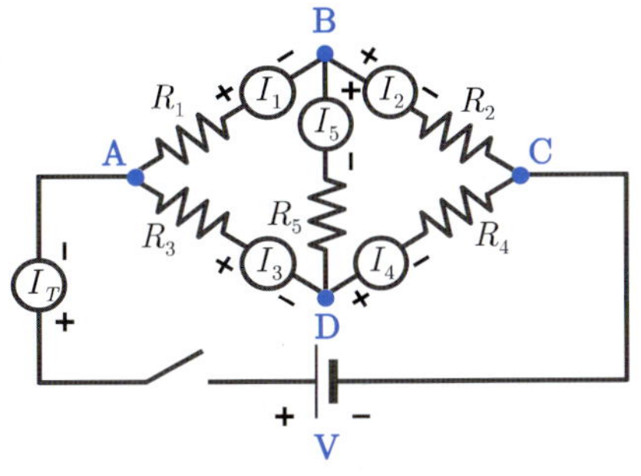

그림 2(c)

6. 옴의 법칙을 이용하여 I_1, I_2, I_3, I_4, I_5와 I_r을 계산하여 표 1-1에 기록하고, 5 과정에서 측정한 값과 비교하여 %오차를 구한다.
7. 분기점 A, B, C, D에서 들어오고 나가는 전류의 합과 닫힌회로 ABDA, BCDB, ABCDA 등에서 전위차의 합을 구하여 표 1-2에 기록하고 키르히호프의 법칙이 성립함을 확인한다.
8. 그림 3의 회로도로 다시 연결한 후 4∼7 과정을 거쳐 전압과 전류를 측정하여 결과표 2-1, 2-2의 해당란에 기록한다. 여기서 그림 3(a)는 전압 측정 시 참고하고, 그림 3(b)는 전류 측정 시 참고한다.

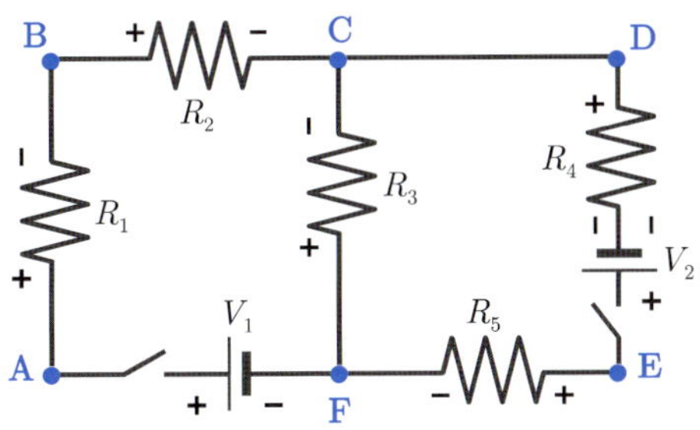

그림 3(a)

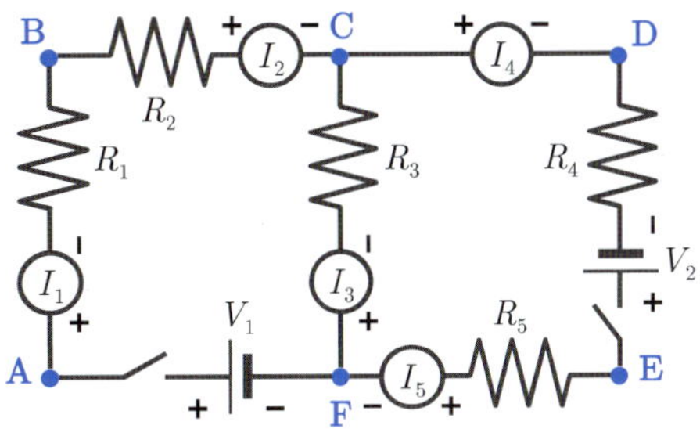

그림 3(b)

Report

08 키르히호프의 법칙

<table>
<tr><td>학과:</td><td rowspan="2">이름(조):</td><td rowspan="2">공동실험자:</td></tr>
<tr><td>학번:</td></tr>
<tr><td>실험수행일자:</td><td>당일 레포트 완성</td><td>1주 후 레포트 완성</td></tr>
<tr><td>조교확인: ㉤</td><td>조교확인: ㉤</td><td>조교확인: ㉤</td></tr>
</table>

1 실험 목적

2 핵심 이론

3 실험 결과

1) 그림 2 회로도

표 1-1

저항(Ω)		전압(V)		전류(mA)				
				측정		계산		오차율(%)
R_1		V_1		I_1		I_1		
R_2		V_2		I_2		I_2		
R_3		V_3		I_3		I_3		
R_4		V_4		I_4		I_4		
R_5		V_5		I_5		I_5		
R_T		V_T		I_T		I_T		

표 1-2

전류의 합(mA)		전위차의 합(V)	
분기점 A		폐회로 ABDA	
분기점 B		폐회로 BCDB	
분기점 C		폐회로 ABCDA	
분기점 D		폐회로 VABCV	
		폐회로 VADBV	
		폐회로 VABDCV	
		폐회로 VADBCV	

분석

2) 그림 3 회로도

표 2-1

저항(Ω)		전압(V)		전류(mA)				
				측정		계산		오차율(%)
R_1		V_{r1}		I_1		I_1		
R_2		V_{r2}		I_2		I_2		
R_3		V_{r3}		I_3		I_3		
R_4		V_{r4}		I_4		I_4		
R_5		V_{r5}		I_5		I_5		
		V_1						
		V_2						

표 2-2

전류의 합(mA)		전위차의 합(V)	
분기점 C		폐회로 ABCFA	
분기점 F		폐회로 EFCDE	
		폐회로 ABCDEFA	

분석

축전기

Experiment 09

1 실험 목적

$R-C$ 회로에서 축전기의 충전 시상수는 회로의 저항값과 축전기의 전기용량의 곱으로 주어지고, 방전 시상수와 동일함을 실험적으로 증명한다.

2 실험 이론

전류가 시간에 따라 변할 수 있는 축전기를 포함하는 회로를 생각한다. 그림 1(a)의 회로에서 스위치 S를 닫기 전에는 어떤 전류도 있지 않다. 만일 그림 1(b)와 같이 $t=0$에서 스위치가 닫혀서 연결되면 회로에는 전류가 흐르게 되어 축전기는 충전을 시작한다. 일단 축전기가 최대로 충전되면 회로의 전류는 0이 된다.

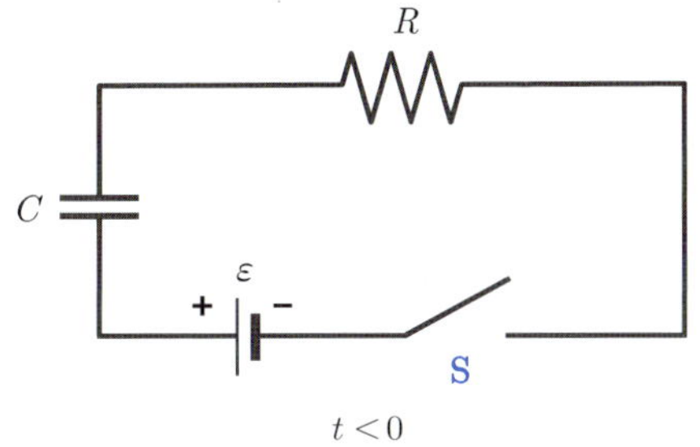

그림 1(a)

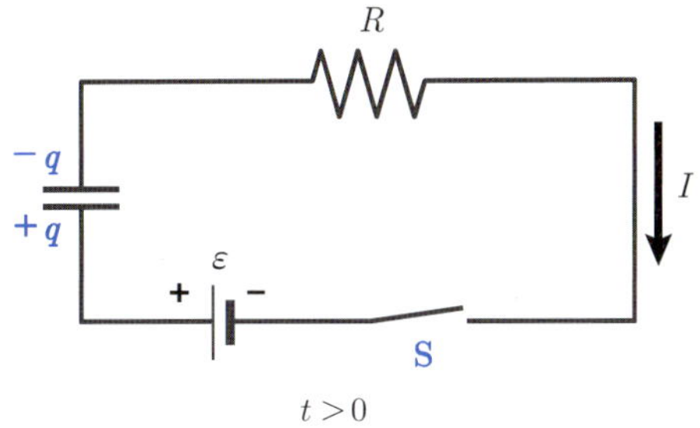

그림 1(b)

스위치가 닫힌 후 회로에 키르히호프의 제2 규칙을 적용하자. 회로 주위를 시계 방향으로 선택하고 정해진 부호 약속을 적용하면 다음과 같다.

$$\varepsilon - \frac{q}{C} - IR = 0$$

여기서 ε은 기전력, $-\frac{q}{C}$는 축전기 양단의 전위차 V_C이고, $-IR$은 저항 양단의 전위차 V_R이다. 시간의 함수로서 전류에 대한 표현으로 $I(t) = \frac{dq}{dt}$를 이용하면

$$I(t) = \frac{\varepsilon}{R} e^{-t/RC}$$

가 된다. 여기서 $\frac{\varepsilon}{R}$은 회로의 초기 전류이다. $t=0$에서 최댓값 $I_0=\frac{\varepsilon}{R}$을 갖고 $t=\infty$일 때 0을 향해 지수함수적으로 감소한다. 이때 지수에 나타낸 양 RC를 회로의 시상수 τ라 부른다. 따라서 축전기 양단의 전위차는 $t=0$에서 $t=\tau$가 되면 0.632ε이 충전되고 $t=\infty$일 때 ε을 향해 지수함수적으로 증가한다.

이번에는 초기 전하 Q를 갖는 축전기, 저항체, 스위치로 구성되어 있는 회로를 생각해보자. 그림 2(a)의 회로에서 스위치 S를 닫기 전에는 $\frac{Q}{C}$의 전위차가 축전기 양단에 인가하고 전류는 $I=0$이기 때문에 저항 양단의 전위차는 0을 나타낸다.

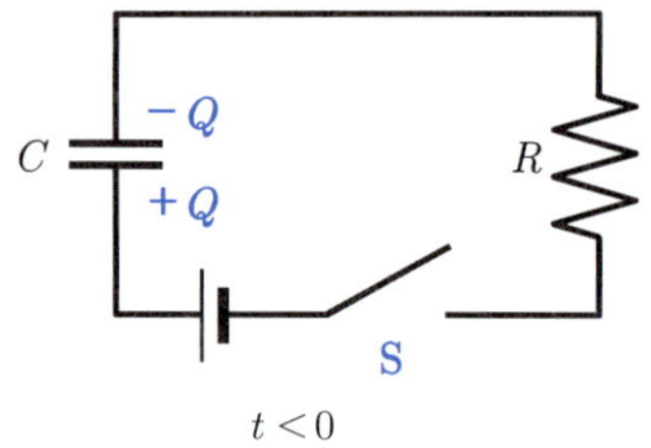

그림 2(a)

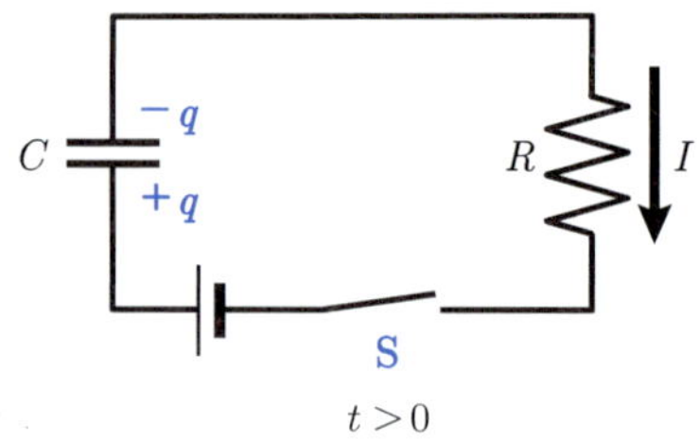

그림 2(b)

만일 그림 2(b)와 같이 $t=0$에서 스위치가 닫혀져 연결되면 축전기는 저항을 통과하여 방전하기 시작한다. 방전하는 동안 어느 순간에 회로의 전류는 I이고 축전기의 전하는 q이다. 그림 2(b)에는 기전력이 없으므로 키르히호프의 법칙을 이용한 식이 다음과 같이 수정된다.

$$\frac{q}{C}-IR=0$$

위 식에서 시간에 따라 변하는 전하량 $q(t)$를 구하고, 시간에 대해 미분하면 시간함수인 전류를 다음과 같이 얻는다.

$$I(t)=\frac{dq}{dt}=-I_0e^{-t/RC}$$

여기서 초기 전류 $I_0=\frac{Q}{RC}$이다. 그러므로 축전기에 있는 전하와 회로의 전류는 둘 다 시상수 $\tau=RC$에 의해 특정화된 비율로 지수함수적으로 감쇠함을 알 수 있다. 식에서 음의 부호는 전류의 방향을 나타내는데, 충전과정 동안의 방향과 반대이다.

❸ 실험 장비 및 부품

조교확인 : ㊞ 일자 :

모양	이름		실험 전	실험 후
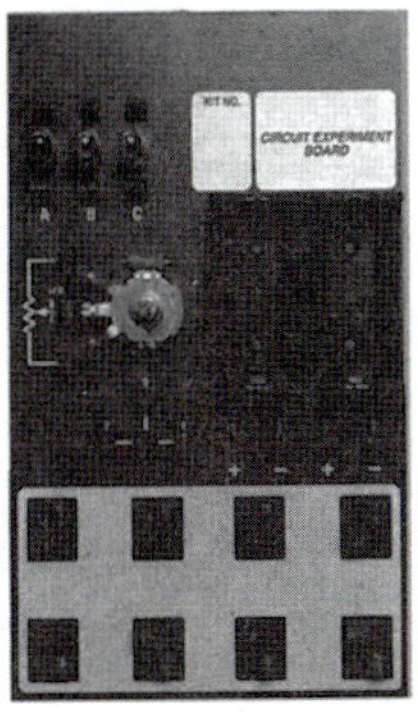	전기회로 실험보드 (Circuit Experiment Board)			
	저항 (Resistors)	갈 검 검 금		
		갈 검 갈 금		
	축전기 (Capacitors)	100 μF		
		330 μF		
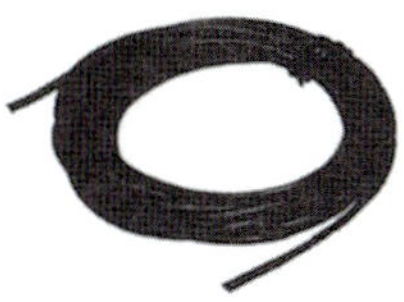	전선 (Wire)	Long(5)		
		Short(4)		
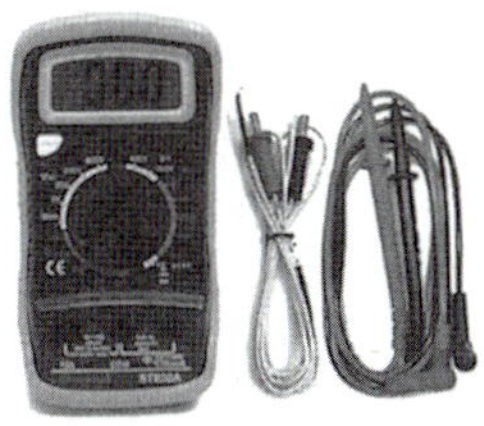	디지털 멀티미터 (Digital Multimeter) & 테스트 선 (Test Lead)			
	건전지(2) (D-Cell Battery)			

종료 후 실험 기구의 유무를 확인받읍시다.

4 실험 방법

1) 1개 축전기가 연결된 $R-C$ 회로

1. 100 kΩ 저항과 100 μF 축전기를 그림 3과 같이 연결하고, 직류 전원공급기의 전압은 3 V로 맞춘다.

※ 단, DC OUT Switch는 "OFF" 상태로 둔다.

2. 디지털 멀티미터의 회전스위치를 $\overline{\overline{\mathrm{V}}}$: 20 V 범위로 맞춘 후 + 테스트 선은 B에, − 테스트 선은 C에 댄다.
3. 직류 전원공급기의 DC OUT Switch를 "ON"한 뒤, 초시계를 사용하여 V_{BC}가 최대 3.0 V가 충전될 때까지의 시간을 측정한다. 결과표에 제시된 전압에 대한 시간을 해당란에 기록한다.
4. 직류 전원공급기의 DC OUT Switch를 "OFF"하고, 초시계를 사용하여 V_{BC}가 0 V로 방전될 때까지의 시간을 측정한다. 결과표에 제시된 전압에 대한 시간을 해당란에 기록한다.
5. 3 과정에서 측정된 충전시간을 수평축에, 전압을 수직축에 나타내어 충전그래프를 그린다.
6. 그래프에서 $0.632\,V_{\max}$로 충전되는 시간을 찾고, $\tau = R \times C$ 계산값과 비교한다.
7. 4 과정에서 측정된 방전시간을 수평축에, 전압을 수직축에 나타내어 방전그래프를 그린다.
8. 그래프에서 $0.368\,V_{\max}$로 방전되는 시간을 찾고, $\tau = R \times C$ 계산값과 비교한다.
9. 축전기 용량을 330 μF으로 바꿔서 위의 3~8 과정을 반복하고 결과표의 해당란에 기록한다.

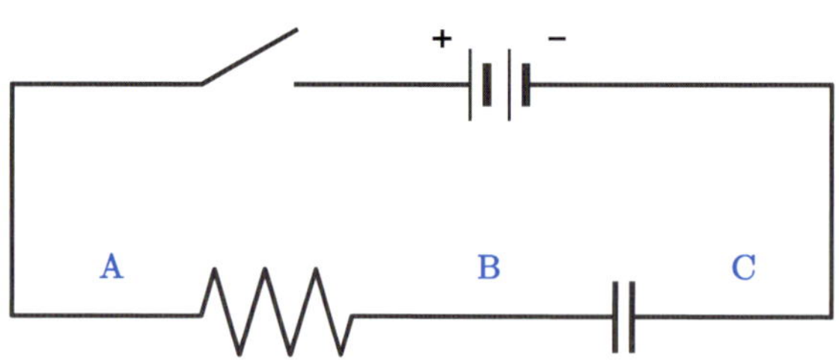

그림 3

2) 2개 축전기가 연결된 $R-C$ 회로

1. 저항은 100 kΩ으로 고정시키고, 축전기 100 μF과 330 μF을 그림 4처럼 직렬로 연결하고, 직류 전원공급기의 전압을 3 V로 맞춘다.

※ 단, DC OUT Switch는 "OFF" 상태로 둔다.

2. 디지털 멀티미터의 회전스위치를 $\overline{\overline{\mathrm{V}}}$: 20 V 범위로 맞춘 후 + 테스트 선은 B에, − 테스트 선은 C에 댄다.
3. 직류 전원공급기의 DC OUT Switch를 "ON"한 뒤, 초시계를 사용하여 V_{BC}가 $0.632 \times 3 =$ 1.9V로 충전될 때까지의 시간 τ를 측정한다.
4. 직류 전원공급기의 DC OUT Switch를 "OFF"하고 충전되어 있는 두 축전기 양단을 전선으로 연결하여 순식간에 방전시키고, 3~4 과정을 4번 더 반복하여 이들의 평균값과 함께 결과표의 해당란에 기록한다.
5. 1개 축전기(100 μF 혹은 330 μF)를 연결하여 측정상 시상수와 4 과정에서 구한 평균값을 함께 표에 기록하고, 분석에서 세 값을 비교해본다.
6. 저항은 100 kΩ으로 고정시키고, 축전기 100 μF과 330 μF을 그림 5처럼 병렬로 연결하고, 직류 전원공급기의 전압을 3 V로 맞춘다.

※ 단, DC OUT Switch는 "OFF" 상태로 둔다.

7. 2~6 과정을 수행하여 측정값을 결과표의 해당란에 기록한다.

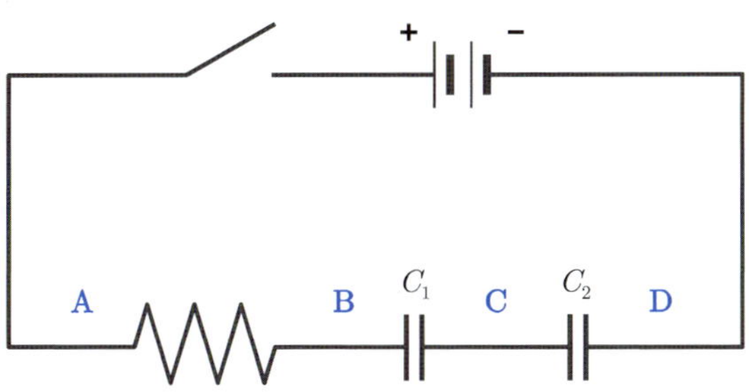

그림 4

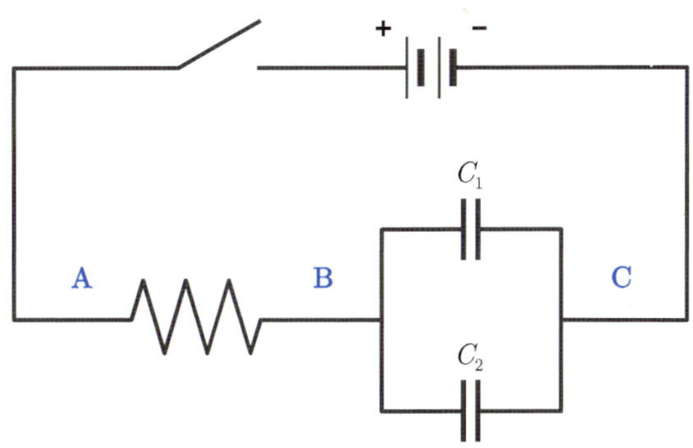

그림 5

Report

09 축전기

학과:	이름(조):	공동실험자:
학번:		
실험수행일자:	당일 레포트 완성	1주 후 레포트 완성
조교확인: ㊞	조교확인: ㊞	조교확인: ㊞

1 실험 목적

2 핵심 이론

3 실험 결과 및 분석

1) 1개 축전기가 연결된 $R-C$ 회로

$RC = 100\ \mathrm{k\Omega}$, $C = 100\ \mu\mathrm{F}$								
				충전				
V_{BC}	0.5	1.0	1.5	2.0	2.5	2.7	2.9	3.0
t								
				방전				
V_{BC}	2.5	2.0	1.5	1.0	0.5	0.3	0.1	0.0
t								

$\tau = RC =$ ______________ $V_\tau = 0.632\,V_0 = 1.9\,V$

그래프(충전)

$\tau = RC =$ ______________ $V_\tau = 0.368\,V_0 = 1.1\,V$

그래프(방전)

$RC = 100\ \text{k}\Omega,\ C = 100\ \mu\text{F}$								
				충전				
V_{BC}	0.5	1.0	1.5	2.0	2.5	2.7	2.9	3.0
t								
				방전				
V_{BC}	2.5	2.0	1.5	1.0	0.5	0.3	0.1	0.0
t								

$\tau = RC =$ ______________ $V_\tau = 0.632\,V_0 = 1.9\,V$

그래프(충전)

$\tau = RC =$ ______________ $V_\tau = 0.368\,V_0 = 1.1\,V$

그래프(방전)

2) 2개 축전기가 연결된 $R-C$ 회로

직렬연결: $C_1 = 100\ \mu\text{F}$, $C_2 = 330\ \mu\text{F}$

횟수	1	2	3	4	5	평균
τ						

$R = 100\ \text{k}\Omega$

축전기	100 μF	330 μF	직렬(100 μF, 330 μF)
τ			

분석

병렬연결: $C_1 = 100\ \mu\text{F}$, $C_2 = 330\ \mu\text{F}$

횟수	1	2	3	4	5	평균
τ						

$R = 100\ \text{k}\Omega$

축전기	100 μF	330 μF	직렬(100 μF, 330 μF)
τ			

분석

일반물리학실험 02

2019년 8월 16일 1판 1쇄 펴냄 | 2022년 2월 1일 1판 2쇄 펴냄
지은이 신홍기 · 이용산 · 이정재
펴낸이 류원식 | **펴낸곳 교문사**

편집팀장 김경수 | **책임편집** 안영선 | **본문편집** 김미진 | **표지디자인** 유선영

주소 (10881) 경기도 파주시 문발로 116(문발동 536-2)
전화 031-955-6111~4 | **팩스** 031-955-0955
등록 1968. 10. 28. 제406-2006-000035호
홈페이지 www.gyomoon.com | E-mail genie@gyomoon.com
ISBN 978-89-363-1865-9 (93420) | 값 12,000원